绿色食品生产资料
标志许可工作指南
（2018版）

◎ 穆建华　主编

U0306093

中国农业科学技术出版社

图书在版编目（CIP）数据

绿色食品生产资料标志许可工作指南：2018版／穆建华主编 . —北京：中国农业科学技术出版社，2018.6

ISBN 978-7-5116-3652-2

Ⅰ. ①绿… Ⅱ. ①穆… Ⅲ. ①绿色食品-生产资料-标志-工作-指南 Ⅳ. ①TS2-62

中国版本图书馆 CIP 数据核字（2018）第 083862 号

| 责任编辑 | 史咏竹 |
| 责任校对 | 贾海霞 |

出 版 者	中国农业科学技术出版社
	北京市中关村南大街 12 号　邮编：100081
电　　话	（010）82105169（编辑室）　（010）82109702（发行部）
	（010）82109709（读者服务部）
传　　真	（010）82106626
网　　址	http://www.castp.cn
经 销 者	各地新华书店
印 刷 者	北京科信印刷有限公司
开　　本	787 mm×1 092 mm　1/16
印　　张	20.25
字　　数	396 千字
版　　次	2018 年 6 月第 1 版　2018 年 6 月第 1 次印刷
定　　价	78.00 元

《绿色食品生产资料标志许可工作指南》
编 委 会

主　　　　任：王运浩

副　主　　任：陈兆云

成　　　　员：张志华　李显军　梁志超

主　　　　编：穆建华

副　主　　编：孙　辉　赵　辉　丛晓娜

顾　　　　问：徐秀蓉　李元芳　刘绍仁　田河山

主要编写人员：陈　泓　李萌琪　汤静琦　包宗华
　　　　　　　　翟朝增　陈　曦　张会影　唐　伟

序

　　绿色食品生产资料（以下简称绿色生资）是绿色食品产业体系的重要组成部分，是保障绿色食品优质安全的有效途径，是促进绿色食品事业持续健康发展的重要物质支撑。自1996年启动以来，在上级领导的关心支持和中国绿色食品发展中心的积极推动下，在各级农业行政主管部门的共同努力下，绿色生资事业持续健康发展。截至2017年年底，绿色生资有效用证企业共132家，有效用证产品共332个，涵盖了绿色食品生产所需的几乎所有投入品。

　　党的十九大提出实施乡村振兴战略，要求坚持质量兴农、绿色兴农、品牌兴农，以农业供给侧结构性改革为主线，夯实农业生产能力基础，确保国家粮食安全，这不仅是绿色食品更是绿色生资发展的机遇与挑战。发展绿色生资是从源头上优化农业投入品结构，扩大安全投入品市场供给，是保障绿色食品优质安全的有效途径；是保护农业生态环境，减小农业面源污染，提升绿色食品公信力和美誉度的重要手段。绿色生资已经成为顺应新时代发展的阳光产业。

　　随着绿色食品品牌知名度和公信力的提高，绿色生资在安全优质农业投入品市场需求不断升温。面对新形势、新任务，中国绿色食品发展中心和中国绿色食品协会通过政策导向、工作交流、调研检查、展览展销、示范应用和网络宣传等形式大力推广绿色生资安全、优质、环保理念，积极发动各级绿色食品工作机构引导优秀农业投入品生产企业申报绿色生资，推动绿色生资与绿色食品原料标准化基地、绿色食品企业有效接轨的成效逐渐显现。

　　为了方便广大绿色生资管理人员和意向申报企业系统了解、查阅相关许可制度规范，中国绿色食品协会汇总整理了最新版绿色生资文件，编撰成《绿色食品生产资料标志许可工作指南（2018 版）》。本书对绿色生资管理工作者具有较强的指导性，可作为绿色生资工作的工具用书及培训材料，也可为全社会关注和研究绿色生资的专家学者提供参考。

王运浩

2018 年 4 月 20 日于北京

目　　录

第三篇　许可审核

第四篇　标志管理与质量监督

第一篇

政 策 法 规

中华人民共和国主席令

第二十一号

《中华人民共和国食品安全法》已由中华人民共和国第十二届全国人民代表大会常务委员会第十四次会议于 2015 年 4 月 24 日修订通过，现将修订后的《中华人民共和国食品安全法》公布，自 2015 年 10 月 1 日起施行。

中华人民共和国主席 习近平

2015 年 4 月 24 日

中华人民共和国食品安全法

(2009 年 2 月 28 日第十一届全国人民代表大会常务委员会第七次会议通过
2015 年 4 月 24 日第十二届全国人民代表大会常务委员会第十四次会议修订)

目　录

第一章　总　则

第一条　为了保证食品安全，保障公众身体健康和生命安全，制定本法。

第二条　在中华人民共和国境内从事下列活动，应当遵守本法：

（一）食品生产和加工（以下称食品生产），食品销售和餐饮服务（以下称食品经营）；

（二）食品添加剂的生产经营；

（三）用于食品的包装材料、容器、洗涤剂、消毒剂和用于食品生产经营的工具、设备（以下称食品相关产品）的生产经营；

（四）食品生产经营者使用食品添加剂、食品相关产品；

（五）食品的贮存和运输；

（六）对食品、食品添加剂、食品相关产品的安全管理。

供食用的源于农业的初级产品（以下称食用农产品）的质量安全管理，遵守《中华人民共和国农产品质量安全法》的规定。但是，食用农产品的市场销售、有关质量安全标准的制定、有关安全信息的公布和本法对农业投入品作出规定的，应当遵守本法的规定。

第三条　食品安全工作实行预防为主、风险管理、全程控制、社会共治，建立科学、严格的监督管理制度。

第四条　食品生产经营者对其生产经营食品的安全负责。

食品生产经营者应当依照法律、法规和食品安全标准从事生产经营活动，保证食品安全，诚信自律，对社会和公众负责，接受社会监督，承担社会责任。

第五条　国务院设立食品安全委员会，其职责由国务院规定。

国务院食品药品监督管理部门依照本法和国务院规定的职责，对食品生产经营活动实施监督管理。

国务院卫生行政部门依照本法和国务院规定的职责，组织开展食品安全风险监测和风险评估，会同国务院食品药品监督管理部门制定并公布食品安全国家标准。

国务院其他有关部门依照本法和国务院规定的职责，承担有关食品安全工作。

第六条 县级以上地方人民政府对本行政区域的食品安全监督管理工作负责，统一领导、组织、协调本行政区域的食品安全监督管理工作以及食品安全突发事件应对工作，建立健全食品安全全程监督管理工作机制和信息共享机制。

县级以上地方人民政府依照本法和国务院的规定，确定本级食品药品监督管理、卫生行政部门和其他有关部门的职责。有关部门在各自职责范围内负责本行政区域的食品安全监督管理工作。

县级人民政府食品药品监督管理部门可以在乡镇或者特定区域设立派出机构。

第七条 县级以上地方人民政府实行食品安全监督管理责任制。上级人民政府负责对下一级人民政府的食品安全监督管理工作进行评议、考核。县级以上地方人民政府负责对本级食品药品监督管理部门和其他有关部门的食品安全监督管理工作进行评议、考核。

第八条 县级以上人民政府应当将食品安全工作纳入本级国民经济和社会发展规划，将食品安全工作经费列入本级政府财政预算，加强食品安全监督管理能力建设，为食品安全工作提供保障。

县级以上人民政府食品药品监督管理部门和其他有关部门应当加强沟通、密切配合，按照各自职责分工，依法行使职权，承担责任。

第九条 食品行业协会应当加强行业自律，按照章程建立健全行业规范和奖惩机制，提供食品安全信息、技术等服务，引导和督促食品生产经营者依法生产经营，推动行业诚信建设，宣传、普及食品安全知识。

消费者协会和其他消费者组织对违反本法规定，损害消费者合法权益的行为，依法进行社会监督。

第十条 各级人民政府应当加强食品安全的宣传教育，普及食品安全知识，鼓励社会组织、基层群众性自治组织、食品生产经营者开展食品安全法律、法规以及食品安全标准和知识的普及工作，倡导健康的饮食方式，增强消费者食品安全意识和自我保护能力。

新闻媒体应当开展食品安全法律、法规以及食品安全标准和知识的公益宣传，并对食品安全违法行为进行舆论监督。有关食品安全的宣传报道应当真实、公正。

第十一条 国家鼓励和支持开展与食品安全有关的基础研究、应用研究，鼓励和支持食品生产经营者为提高食品安全水平采用先进技术和先进管理规范。

国家对农药的使用实行严格的管理制度，加快淘汰剧毒、高毒、高残留农药，推动替代产品的研发和应用，鼓励使用高效低毒低残留农药。

第十二条　任何组织或者个人有权举报食品安全违法行为，依法向有关部门了解食品安全信息，对食品安全监督管理工作提出意见和建议。

第十三条　对在食品安全工作中做出突出贡献的单位和个人，按照国家有关规定给予表彰、奖励。

第二章　食品安全风险监测和评估

第十四条　国家建立食品安全风险监测制度，对食源性疾病、食品污染以及食品中的有害因素进行监测。

国务院卫生行政部门会同国务院食品药品监督管理、质量监督等部门，制定、实施国家食品安全风险监测计划。

国务院食品药品监督管理部门和其他有关部门获知有关食品安全风险信息后，应当立即核实并向国务院卫生行政部门通报。对有关部门通报的食品安全风险信息以及医疗机构报告的食源性疾病等有关疾病信息，国务院卫生行政部门应当会同国务院有关部门分析研究，认为必要的，及时调整国家食品安全风险监测计划。

省、自治区、直辖市人民政府卫生行政部门会同同级食品药品监督管理、质量监督等部门，根据国家食品安全风险监测计划，结合本行政区域的具体情况，制定、调整本行政区域的食品安全风险监测方案，报国务院卫生行政部门备案并实施。

第十五条　承担食品安全风险监测工作的技术机构应当根据食品安全风险监测计划和监测方案开展监测工作，保证监测数据真实、准确，并按照食品安全风险监测计划和监测方案的要求报送监测数据和分析结果。

食品安全风险监测工作人员有权进入相关食用农产品种植养殖、食品生产经营场所采集样品、收集相关数据。采集样品应当按照市场价格支付费用。

第十六条　食品安全风险监测结果表明可能存在食品安全隐患的，县级以上人民政府卫生行政部门应当及时将相关信息通报同级食品药品监督管理等部门，并报告本级人民政府和上级人民政府卫生行政部门。食品药品监督管理等部门应当组织开展进一步调查。

第十七条　国家建立食品安全风险评估制度，运用科学方法，根据食品安全风险监测信息、科学数据以及有关信息，对食品、食品添加剂、食品相关产品中生物性、化学性和物理性危害因素进行风险评估。

国务院卫生行政部门负责组织食品安全风险评估工作，成立由医学、农业、食品、营养、生物、环境等方面的专家组成的食品安全风险评估专家委员会进行食品安全风险评估。食品安全风险评估结果由国务院卫生行政部门公布。

对农药、肥料、兽药、饲料和饲料添加剂等的安全性评估，应当有食品安全风险评估专家委员会的专家参加。

食品安全风险评估不得向生产经营者收取费用，采集样品应当按照市场价格支付费用。

第十八条 有下列情形之一的，应当进行食品安全风险评估：

（一）通过食品安全风险监测或者接到举报发现食品、食品添加剂、食品相关产品可能存在安全隐患的；

（二）为制定或者修订食品安全国家标准提供科学依据需要进行风险评估的；

（三）为确定监督管理的重点领域、重点品种需要进行风险评估的；

（四）发现新的可能危害食品安全因素的；

（五）需要判断某一因素是否构成食品安全隐患的；

（六）国务院卫生行政部门认为需要进行风险评估的其他情形。

第十九条 国务院食品药品监督管理、质量监督、农业行政等部门在监督管理工作中发现需要进行食品安全风险评估的，应当向国务院卫生行政部门提出食品安全风险评估的建议，并提供风险来源、相关检验数据和结论等信息、资料。属于本法第十八条规定情形的，国务院卫生行政部门应当及时进行食品安全风险评估，并向国务院有关部门通报评估结果。

第二十条 省级以上人民政府卫生行政、农业行政部门应当及时相互通报食品、食用农产品安全风险监测信息。

国务院卫生行政、农业行政部门应当及时相互通报食品、食用农产品安全风险评估结果等信息。

第二十一条 食品安全风险评估结果是制定、修订食品安全标准和实施食品安全监督管理的科学依据。

经食品安全风险评估，得出食品、食品添加剂、食品相关产品不安全结论的，国务院食品药品监督管理、质量监督等部门应当依据各自职责立即向社会公告，告知消费者停止食用或者使用，并采取相应措施，确保该食品、食品添加剂、食品相关产品停止生产经营；需要制定、修订相关食品安全国家标准的，国务院卫生行政部门应当会同国务院食品药品监督管理部门立即制定、修订。

第二十二条 国务院食品药品监督管理部门应当会同国务院有关部门，根据食品安全风险评估结果、食品安全监督管理信息，对食品安全状况进行综合分析。对经综合分析表明可能具有较高程度安全风险的食品，国务院食品药品监督管理部门应当及时提出食品安全风险警示，并向社会公布。

第二十三条　县级以上人民政府食品药品监督管理部门和其他有关部门、食品安全风险评估专家委员会及其技术机构，应当按照科学、客观、及时、公开的原则，组织食品生产经营者、食品检验机构、认证机构、食品行业协会、消费者协会以及新闻媒体等，就食品安全风险评估信息和食品安全监督管理信息进行交流沟通。

第三章　食品安全标准

第二十四条　制定食品安全标准，应当以保障公众身体健康为宗旨，做到科学合理、安全可靠。

第二十五条　食品安全标准是强制执行的标准。除食品安全标准外，不得制定其他食品强制性标准。

第二十六条　食品安全标准应当包括下列内容：

（一）食品、食品添加剂、食品相关产品中的致病性微生物，农药残留、兽药残留、生物毒素、重金属等污染物质以及其他危害人体健康物质的限量规定；

（二）食品添加剂的品种、使用范围、用量；

（三）专供婴幼儿和其他特定人群的主辅食品的营养成分要求；

（四）对与卫生、营养等食品安全要求有关的标签、标志、说明书的要求；

（五）食品生产经营过程的卫生要求；

（六）与食品安全有关的质量要求；

（七）与食品安全有关的食品检验方法与规程；

（八）其他需要制定为食品安全标准的内容。

第二十七条　食品安全国家标准由国务院卫生行政部门会同国务院食品药品监督管理部门制定、公布，国务院标准化行政部门提供国家标准编号。

食品中农药残留、兽药残留的限量规定及其检验方法与规程由国务院卫生行政部门、国务院农业行政部门会同国务院食品药品监督管理部门制定。

屠宰畜、禽的检验规程由国务院农业行政部门会同国务院卫生行政部门制定。

第二十八条　制定食品安全国家标准，应当依据食品安全风险评估结果并充分考虑食用农产品安全风险评估结果，参照相关的国际标准和国际食品安全风险评估结果，并将食品安全国家标准草案向社会公布，广泛听取食品生产经营者、消费者、有关部门等方面的意见。

食品安全国家标准应当经国务院卫生行政部门组织的食品安全国家标准审评委员

会审查通过。食品安全国家标准审评委员会由医学、农业、食品、营养、生物、环境等方面的专家以及国务院有关部门、食品行业协会、消费者协会的代表组成，对食品安全国家标准草案的科学性和实用性等进行审查。

第二十九条 对地方特色食品，没有食品安全国家标准的，省、自治区、直辖市人民政府卫生行政部门可以制定并公布食品安全地方标准，报国务院卫生行政部门备案。食品安全国家标准制定后，该地方标准即行废止。

第三十条 国家鼓励食品生产企业制定严于食品安全国家标准或者地方标准的企业标准，在本企业适用，并报省、自治区、直辖市人民政府卫生行政部门备案。

第三十一条 省级以上人民政府卫生行政部门应当在其网站上公布制定和备案的食品安全国家标准、地方标准和企业标准，供公众免费查阅、下载。

对食品安全标准执行过程中的问题，县级以上人民政府卫生行政部门应当会同有关部门及时给予指导、解答。

第三十二条 省级以上人民政府卫生行政部门应当会同同级食品药品监督管理、质量监督、农业行政等部门，分别对食品安全国家标准和地方标准的执行情况进行跟踪评价，并根据评价结果及时修订食品安全标准。

省级以上人民政府食品药品监督管理、质量监督、农业行政等部门应当对食品安全标准执行中存在的问题进行收集、汇总，并及时向同级卫生行政部门通报。

食品生产经营者、食品行业协会发现食品安全标准在执行中存在问题的，应当立即向卫生行政部门报告。

第四章　食品生产经营

第一节　一般规定

第三十三条 食品生产经营应当符合食品安全标准，并符合下列要求：

（一）具有与生产经营的食品品种、数量相适应的食品原料处理和食品加工、包装、贮存等场所，保持该场所环境整洁，并与有毒、有害场所以及其他污染源保持规定的距离；

（二）具有与生产经营的食品品种、数量相适应的生产经营设备或者设施，有相应的消毒、更衣、盥洗、采光、照明、通风、防腐、防尘、防蝇、防鼠、防虫、洗涤以及处理废水、存放垃圾和废弃物的设备或者设施；

（三）有专职或者兼职的食品安全专业技术人员、食品安全管理人员和保证食品安全的规章制度；

（四）具有合理的设备布局和工艺流程，防止待加工食品与直接入口食品、原料与成品交叉污染，避免食品接触有毒物、不洁物；

（五）餐具、饮具和盛放直接入口食品的容器，使用前应当洗净、消毒，炊具、用具用后应当洗净，保持清洁；

（六）贮存、运输和装卸食品的容器、工具和设备应当安全、无害，保持清洁，防止食品污染，并符合保证食品安全所需的温度、湿度等特殊要求，不得将食品与有毒、有害物品一同贮存、运输；

（七）直接入口的食品应当使用无毒、清洁的包装材料、餐具、饮具和容器；

（八）食品生产经营人员应当保持个人卫生，生产经营食品时，应当将手洗净，穿戴清洁的工作衣、帽等；销售无包装的直接入口食品时，应当使用无毒、清洁的容器、售货工具和设备；

（九）用水应当符合国家规定的生活饮用水卫生标准；

（十）使用的洗涤剂、消毒剂应当对人体安全、无害；

（十一）法律、法规规定的其他要求。

非食品生产经营者从事食品贮存、运输和装卸的，应当符合前款第六项的规定。

第三十四条　禁止生产经营下列食品、食品添加剂、食品相关产品：

（一）用非食品原料生产的食品或者添加食品添加剂以外的化学物质和其他可能危害人体健康物质的食品，或者用回收食品作为原料生产的食品；

（二）致病性微生物，农药残留、兽药残留、生物毒素、重金属等污染物质以及其他危害人体健康的物质含量超过食品安全标准限量的食品、食品添加剂、食品相关产品；

（三）用超过保质期的食品原料、食品添加剂生产的食品、食品添加剂；

（四）超范围、超限量使用食品添加剂的食品；

（五）营养成分不符合食品安全标准的专供婴幼儿和其他特定人群的主辅食品；

（六）腐败变质、油脂酸败、霉变生虫、污秽不洁、混有异物、掺假掺杂或者感官性状异常的食品、食品添加剂；

（七）病死、毒死或者死因不明的禽、畜、兽、水产动物肉类及其制品；

（八）未按规定进行检疫或者检疫不合格的肉类，或者未经检验或者检验不合格的肉类制品；

（九）被包装材料、容器、运输工具等污染的食品、食品添加剂；

（十）标注虚假生产日期、保质期或者超过保质期的食品、食品添加剂；

（十一）无标签的预包装食品、食品添加剂；

（十二）国家为防病等特殊需要明令禁止生产经营的食品；

（十三）其他不符合法律、法规或者食品安全标准的食品、食品添加剂、食品相关产品。

第三十五条 国家对食品生产经营实行许可制度。从事食品生产、食品销售、餐饮服务，应当依法取得许可。但是，销售食用农产品，不需要取得许可。

县级以上地方人民政府食品药品监督管理部门应当依照《中华人民共和国行政许可法》的规定，审核申请人提交的本法第三十三条第一款第一项至第四项规定要求的相关资料，必要时对申请人的生产经营场所进行现场核查；对符合规定条件的，准予许可；对不符合规定条件的，不予许可并书面说明理由。

第三十六条 食品生产加工小作坊和食品摊贩等从事食品生产经营活动，应当符合本法规定的与其生产经营规模、条件相适应的食品安全要求，保证所生产经营的食品卫生、无毒、无害，食品药品监督管理部门应当对其加强监督管理。

县级以上地方人民政府应当对食品生产加工小作坊、食品摊贩等进行综合治理，加强服务和统一规划，改善其生产经营环境，鼓励和支持其改进生产经营条件，进入集中交易市场、店铺等固定场所经营，或者在指定的临时经营区域、时段经营。

食品生产加工小作坊和食品摊贩等的具体管理办法由省、自治区、直辖市制定。

第三十七条 利用新的食品原料生产食品，或者生产食品添加剂新品种、食品相关产品新品种，应当向国务院卫生行政部门提交相关产品的安全性评估材料。国务院卫生行政部门应当自收到申请之日起六十日内组织审查；对符合食品安全要求的，准予许可并公布；对不符合食品安全要求的，不予许可并书面说明理由。

第三十八条 生产经营的食品中不得添加药品，但是可以添加按照传统既是食品又是中药材的物质。按照传统既是食品又是中药材的物质目录由国务院卫生行政部门会同国务院食品药品监督管理部门制定、公布。

第三十九条 国家对食品添加剂生产实行许可制度。从事食品添加剂生产，应当具有与所生产食品添加剂品种相适应的场所、生产设备或者设施、专业技术人员和管理制度，并依照本法第三十五条第二款规定的程序，取得食品添加剂生产许可。

生产食品添加剂应当符合法律、法规和食品安全国家标准。

第四十条 食品添加剂应当在技术上确有必要且经过风险评估证明安全可靠，方可列入允许使用的范围；有关食品安全国家标准应当根据技术必要性和食品安全风险评估结果及时修订。

食品生产经营者应当按照食品安全国家标准使用食品添加剂。

第四十一条 生产食品相关产品应当符合法律、法规和食品安全国家标准。对直接接触食品的包装材料等具有较高风险的食品相关产品，按照国家有关工业产品生产许可证管理的规定实施生产许可。质量监督部门应当加强对食品相关产品生产活动的监督管理。

第四十二条 国家建立食品安全全程追溯制度。

食品生产经营者应当依照本法的规定，建立食品安全追溯体系，保证食品可追溯。国家鼓励食品生产经营者采用信息化手段采集、留存生产经营信息，建立食品安全追溯体系。

国务院食品药品监督管理部门会同国务院农业行政等有关部门建立食品安全全程追溯协作机制。

第四十三条 地方各级人民政府应当采取措施鼓励食品规模化生产和连锁经营、配送。

国家鼓励食品生产经营企业参加食品安全责任保险。

第二节　生产经营过程控制

第四十四条 食品生产经营企业应当建立健全食品安全管理制度，对职工进行食品安全知识培训，加强食品检验工作，依法从事生产经营活动。

食品生产经营企业的主要负责人应当落实企业食品安全管理制度，对本企业的食品安全工作全面负责。

食品生产经营企业应当配备食品安全管理人员，加强对其培训和考核。经考核不具备食品安全管理能力的，不得上岗。食品药品监督管理部门应当对企业食品安全管理人员随机进行监督抽查考核并公布考核情况。监督抽查考核不得收取费用。

第四十五条 食品生产经营者应当建立并执行从业人员健康管理制度。患有国务院卫生行政部门规定的有碍食品安全疾病的人员，不得从事接触直接入口食品的工作。

从事接触直接入口食品工作的食品生产经营人员应当每年进行健康检查，取得健康证明后方可上岗工作。

第四十六条 食品生产企业应当就下列事项制定并实施控制要求，保证所生产的食品符合食品安全标准：

（一）原料采购、原料验收、投料等原料控制；

（二）生产工序、设备、贮存、包装等生产关键环节控制；

（三）原料检验、半成品检验、成品出厂检验等检验控制；

（四）运输和交付控制。

第四十七条 食品生产经营者应当建立食品安全自查制度，定期对食品安全状况进行检查评价。生产经营条件发生变化，不再符合食品安全要求的，食品生产经营者应当立即采取整改措施；有发生食品安全事故潜在风险的，应当立即停止食品生产经营活动，并向所在地县级人民政府食品药品监督管理部门报告。

第四十八条 国家鼓励食品生产经营企业符合良好生产规范要求，实施危害分析与关键控制点体系，提高食品安全管理水平。

对通过良好生产规范、危害分析与关键控制点体系认证的食品生产经营企业，认证机构应当依法实施跟踪调查；对不再符合认证要求的企业，应当依法撤销认证，及时向县级以上人民政府食品药品监督管理部门通报，并向社会公布。认证机构实施跟踪调查不得收取费用。

第四十九条 食用农产品生产者应当按照食品安全标准和国家有关规定使用农药、肥料、兽药、饲料和饲料添加剂等农业投入品，严格执行农业投入品使用安全间隔期或者休药期的规定，不得使用国家明令禁止的农业投入品。禁止将剧毒、高毒农药用于蔬菜、瓜果、茶叶和中草药材等国家规定的农作物。

食用农产品的生产企业和农民专业合作经济组织应当建立农业投入品使用记录制度。

县级以上人民政府农业行政部门应当加强对农业投入品使用的监督管理和指导，建立健全农业投入品安全使用制度。

第五十条 食品生产者采购食品原料、食品添加剂、食品相关产品，应当查验供货者的许可证和产品合格证明；对无法提供合格证明的食品原料，应当按照食品安全标准进行检验；不得采购或者使用不符合食品安全标准的食品原料、食品添加剂、食品相关产品。

食品生产企业应当建立食品原料、食品添加剂、食品相关产品进货查验记录制度，如实记录食品原料、食品添加剂、食品相关产品的名称、规格、数量、生产日期或者生产批号、保质期、进货日期以及供货者名称、地址、联系方式等内容，并保存相关凭证。记录和凭证保存期限不得少于产品保质期满后六个月；没有明确保质期的，保存期限不得少于二年。

第五十一条 食品生产企业应当建立食品出厂检验记录制度，查验出厂食品的检验合格证和安全状况，如实记录食品的名称、规格、数量、生产日期或者生产批号、保质期、检验合格证号、销售日期以及购货者名称、地址、联系方式等内容，并保存相关凭证。记录和凭证保存期限应当符合本法第五十条第二款的规定。

第五十二条 食品、食品添加剂、食品相关产品的生产者，应当按照食品安全标准对所生产的食品、食品添加剂、食品相关产品进行检验，检验合格后方可出厂或者销售。

第五十三条 食品经营者采购食品，应当查验供货者的许可证和食品出厂检验合格证或者其他合格证明（以下称合格证明文件）。

食品经营企业应当建立食品进货查验记录制度，如实记录食品的名称、规格、数量、生产日期或者生产批号、保质期、进货日期以及供货者名称、地址、联系方式等内容，并保存相关凭证。记录和凭证保存期限应当符合本法第五十条第二款的规定。

实行统一配送经营方式的食品经营企业，可以由企业总部统一查验供货者的许可证和食品合格证明文件，进行食品进货查验记录。

从事食品批发业务的经营企业应当建立食品销售记录制度，如实记录批发食品的名称、规格、数量、生产日期或者生产批号、保质期、销售日期以及购货者名称、地址、联系方式等内容，并保存相关凭证。记录和凭证保存期限应当符合本法第五十条第二款的规定。

第五十四条 食品经营者应当按照保证食品安全的要求贮存食品，定期检查库存食品，及时清理变质或者超过保质期的食品。

食品经营者贮存散装食品，应当在贮存位置标明食品的名称、生产日期或者生产批号、保质期、生产者名称及联系方式等内容。

第五十五条 餐饮服务提供者应当制定并实施原料控制要求，不得采购不符合食品安全标准的食品原料。倡导餐饮服务提供者公开加工过程，公示食品原料及其来源等信息。

餐饮服务提供者在加工过程中应当检查待加工的食品及原料，发现有本法第三十四条第六项规定情形的，不得加工或者使用。

第五十六条 餐饮服务提供者应当定期维护食品加工、贮存、陈列等设施、设备；定期清洗、校验保温设施及冷藏、冷冻设施。

餐饮服务提供者应当按照要求对餐具、饮具进行清洗消毒，不得使用未经清洗消毒的餐具、饮具；餐饮服务提供者委托清洗消毒餐具、饮具的，应当委托符合本法规定条件的餐具、饮具集中消毒服务单位。

第五十七条 学校、托幼机构、养老机构、建筑工地等集中用餐单位的食堂应当严格遵守法律、法规和食品安全标准；从供餐单位订餐的，应当从取得食品生产经营许可的企业订购，并按照要求对订购的食品进行查验。供餐单位应当严格遵守法律、法规和食品安全标准，当餐加工，确保食品安全。

学校、托幼机构、养老机构、建筑工地等集中用餐单位的主管部门应当加强对集中用餐单位的食品安全教育和日常管理，降低食品安全风险，及时消除食品安全隐患。

第五十八条 餐具、饮具集中消毒服务单位应当具备相应的作业场所、清洗消毒设备或者设施，用水和使用的洗涤剂、消毒剂应当符合相关食品安全国家标准和其他国家标准、卫生规范。

餐具、饮具集中消毒服务单位应当对消毒餐具、饮具进行逐批检验，检验合格后方可出厂，并应当随附消毒合格证明。消毒后的餐具、饮具应当在独立包装上标注单位名称、地址、联系方式、消毒日期以及使用期限等内容。

第五十九条 食品添加剂生产者应当建立食品添加剂出厂检验记录制度，查验出厂产品的检验合格证和安全状况，如实记录食品添加剂的名称、规格、数量、生产日期或者生产批号、保质期、检验合格证号、销售日期以及购货者名称、地址、联系方式等相关内容，并保存相关凭证。记录和凭证保存期限应当符合本法第五十条第二款的规定。

第六十条 食品添加剂经营者采购食品添加剂，应当依法查验供货者的许可证和产品合格证明文件，如实记录食品添加剂的名称、规格、数量、生产日期或者生产批号、保质期、进货日期以及供货者名称、地址、联系方式等内容，并保存相关凭证。记录和凭证保存期限应当符合本法第五十条第二款的规定。

第六十一条 集中交易市场的开办者、柜台出租者和展销会举办者，应当依法审查入场食品经营者的许可证，明确其食品安全管理责任，定期对其经营环境和条件进行检查，发现其有违反本法规定行为的，应当及时制止并立即报告所在地县级人民政府食品药品监督管理部门。

第六十二条 网络食品交易第三方平台提供者应当对入网食品经营者进行实名登记，明确其食品安全管理责任；依法应当取得许可证的，还应当审查其许可证。

网络食品交易第三方平台提供者发现入网食品经营者有违反本法规定行为的，应当及时制止并立即报告所在地县级人民政府食品药品监督管理部门；发现严重违法行为的，应当立即停止提供网络交易平台服务。

第六十三条 国家建立食品召回制度。食品生产者发现其生产的食品不符合食品安全标准或者有证据证明可能危害人体健康的，应当立即停止生产，召回已经上市销售的食品，通知相关生产经营者和消费者，并记录召回和通知情况。

食品经营者发现其经营的食品有前款规定情形的，应当立即停止经营，通知相关生产经营者和消费者，并记录停止经营和通知情况。食品生产者认为应当召回的，应当立即召回。由于食品经营者的原因造成其经营的食品有前款规定情形的，食品经营者应当召回。

食品生产经营者应当对召回的食品采取无害化处理、销毁等措施，防止其再次流入市场。但是，对因标签、标志或者说明书不符合食品安全标准而被召回的食品，食品生产者在采取补救措施且能保证食品安全的情况下可以继续销售；销售时应当向消费者明示补救措施。

食品生产经营者应当将食品召回和处理情况向所在地县级人民政府食品药品监督管理部门报告；需要对召回的食品进行无害化处理、销毁的，应当提前报告时间、地点。食品药品监督管理部门认为必要的，可以实施现场监督。

食品生产经营者未依照本条规定召回或者停止经营的，县级以上人民政府食品药品监督管理部门可以责令其召回或者停止经营。

第六十四条　食用农产品批发市场应当配备检验设备和检验人员或者委托符合本法规定的食品检验机构，对进入该批发市场销售的食用农产品进行抽样检验；发现不符合食品安全标准的，应当要求销售者立即停止销售，并向食品药品监督管理部门报告。

第六十五条　食用农产品销售者应当建立食用农产品进货查验记录制度，如实记录食用农产品的名称、数量、进货日期以及供货者名称、地址、联系方式等内容，并保存相关凭证。记录和凭证保存期限不得少于六个月。

第六十六条　进入市场销售的食用农产品在包装、保鲜、贮存、运输中使用保鲜剂、防腐剂等食品添加剂和包装材料等食品相关产品，应当符合食品安全国家标准。

第三节　标签、说明书和广告

第六十七条　预包装食品的包装上应当有标签。标签应当标明下列事项：

（一）名称、规格、净含量、生产日期；

（二）成分或者配料表；

（三）生产者的名称、地址、联系方式；

（四）保质期；

（五）产品标准代号；

（六）贮存条件；

（七）所使用的食品添加剂在国家标准中的通用名称；

（八）生产许可证编号；

（九）法律、法规或者食品安全标准规定应当标明的其他事项。

专供婴幼儿和其他特定人群的主辅食品，其标签还应当标明主要营养成分及其含量。

食品安全国家标准对标签标注事项另有规定的，从其规定。

第六十八条　食品经营者销售散装食品，应当在散装食品的容器、外包装上标明食品的名称、生产日期或者生产批号、保质期以及生产经营者名称、地址、联系方式等内容。

第六十九条　生产经营转基因食品应当按照规定显著标示。

第七十条　食品添加剂应当有标签、说明书和包装。标签、说明书应当载明本法第六十七条第一款第一项至第六项、第八项、第九项规定的事项，以及食品添加剂的使用范围、用量、使用方法，并在标签上载明"食品添加剂"字样。

第七十一条　食品和食品添加剂的标签、说明书，不得含有虚假内容，不得涉及疾病预防、治疗功能。生产经营者对其提供的标签、说明书的内容负责。

食品和食品添加剂的标签、说明书应当清楚、明显，生产日期、保质期等事项应当显著标注，容易辨识。

食品和食品添加剂与其标签、说明书的内容不符的，不得上市销售。

第七十二条　食品经营者应当按照食品标签标示的警示标志、警示说明或者注意事项的要求销售食品。

第七十三条　食品广告的内容应当真实合法，不得含有虚假内容，不得涉及疾病预防、治疗功能。食品生产经营者对食品广告内容的真实性、合法性负责。

县级以上人民政府食品药品监督管理部门和其他有关部门以及食品检验机构、食品行业协会不得以广告或者其他形式向消费者推荐食品。消费者组织不得以收取费用或者其他牟取利益的方式向消费者推荐食品。

第四节　特殊食品

第七十四条　国家对保健食品、特殊医学用途配方食品和婴幼儿配方食品等特殊食品实行严格监督管理。

第七十五条　保健食品声称保健功能，应当具有科学依据，不得对人体产生急性、亚急性或者慢性危害。

保健食品原料目录和允许保健食品声称的保健功能目录，由国务院食品药品监督管理部门会同国务院卫生行政部门、国家中医药管理部门制定、调整并公布。

保健食品原料目录应当包括原料名称、用量及其对应的功效；列入保健食品原料目录的原料只能用于保健食品生产，不得用于其他食品生产。

第七十六条　使用保健食品原料目录以外原料的保健食品和首次进口的保健食品应当经国务院食品药品监督管理部门注册。但是，首次进口的保健食品中属于补充维生素、矿物质等营养物质的，应当报国务院食品药品监督管理部门备案。其他保健食品应当报省、自治区、直辖市人民政府食品药品监督管理部门备案。

进口的保健食品应当是出口国（地区）主管部门准许上市销售的产品。

第七十七条 依法应当注册的保健食品，注册时应当提交保健食品的研发报告、产品配方、生产工艺、安全性和保健功能评价、标签、说明书等材料及样品，并提供相关证明文件。国务院食品药品监督管理部门经组织技术审评，对符合安全和功能声称要求的，准予注册；对不符合要求的，不予注册并书面说明理由。对使用保健食品原料目录以外原料的保健食品作出准予注册决定的，应当及时将该原料纳入保健食品原料目录。

依法应当备案的保健食品，备案时应当提交产品配方、生产工艺、标签、说明书以及表明产品安全性和保健功能的材料。

第七十八条 保健食品的标签、说明书不得涉及疾病预防、治疗功能，内容应当真实，与注册或者备案的内容相一致，载明适宜人群、不适宜人群、功效成分或者标志性成分及其含量等，并声明"本品不能代替药物"。保健食品的功能和成分应当与标签、说明书相一致。

第七十九条 保健食品广告除应当符合本法第七十三条第一款的规定外，还应当声明"本品不能代替药物"；其内容应当经生产企业所在地省、自治区、直辖市人民政府食品药品监督管理部门审查批准，取得保健食品广告批准文件。省、自治区、直辖市人民政府食品药品监督管理部门应当公布并及时更新已经批准的保健食品广告目录以及批准的广告内容。

第八十条 特殊医学用途配方食品应当经国务院食品药品监督管理部门注册。注册时，应当提交产品配方、生产工艺、标签、说明书以及表明产品安全性、营养充足性和特殊医学用途临床效果的材料。

特殊医学用途配方食品广告适用《中华人民共和国广告法》和其他法律、行政法规关于药品广告管理的规定。

第八十一条 婴幼儿配方食品生产企业应当实施从原料进厂到成品出厂的全过程质量控制，对出厂的婴幼儿配方食品实施逐批检验，保证食品安全。

生产婴幼儿配方食品使用的生鲜乳、辅料等食品原料、食品添加剂等，应当符合法律、行政法规的规定和食品安全国家标准，保证婴幼儿生长发育所需的营养成分。

婴幼儿配方食品生产企业应当将食品原料、食品添加剂、产品配方及标签等事项向省、自治区、直辖市人民政府食品药品监督管理部门备案。

婴幼儿配方乳粉的产品配方应当经国务院食品药品监督管理部门注册。注册时，应当提交配方研发报告和其他表明配方科学性、安全性的材料。

不得以分装方式生产婴幼儿配方乳粉，同一企业不得用同一配方生产不同品牌的婴幼儿配方乳粉。

第八十二条 保健食品、特殊医学用途配方食品、婴幼儿配方乳粉的注册人或者备案人应当对其提交材料的真实性负责。

省级以上人民政府食品药品监督管理部门应当及时公布注册或者备案的保健食品、特殊医学用途配方食品、婴幼儿配方乳粉目录，并对注册或者备案中获知的企业商业秘密予以保密。

保健食品、特殊医学用途配方食品、婴幼儿配方乳粉生产企业应当按照注册或者备案的产品配方、生产工艺等技术要求组织生产。

第八十三条 生产保健食品，特殊医学用途配方食品、婴幼儿配方食品和其他专供特定人群的主辅食品的企业，应当按照良好生产规范的要求建立与所生产食品相适应的生产质量管理体系，定期对该体系的运行情况进行自查，保证其有效运行，并向所在地县级人民政府食品药品监督管理部门提交自查报告。

第五章　食品检验

第八十四条 食品检验机构按照国家有关认证认可的规定取得资质认定后，方可从事食品检验活动。但是，法律另有规定的除外。

食品检验机构的资质认定条件和检验规范，由国务院食品药品监督管理部门规定。

符合本法规定的食品检验机构出具的检验报告具有同等效力。

县级以上人民政府应当整合食品检验资源，实现资源共享。

第八十五条 食品检验由食品检验机构指定的检验人独立进行。

检验人应当依照有关法律、法规的规定，并按照食品安全标准和检验规范对食品进行检验，尊重科学，恪守职业道德，保证出具的检验数据和结论客观、公正，不得出具虚假检验报告。

第八十六条 食品检验实行食品检验机构与检验人负责制。食品检验报告应当加盖食品检验机构公章，并有检验人的签名或者盖章。食品检验机构和检验人对出具的食品检验报告负责。

第八十七条 县级以上人民政府食品药品监督管理部门应当对食品进行定期或者不定期的抽样检验，并依据有关规定公布检验结果，不得免检。进行抽样检验，应当购买抽取的样品，委托符合本法规定的食品检验机构进行检验，并支付相关费用；不得向食品生产经营者收取检验费和其他费用。

第八十八条 对依照本法规定实施的检验结论有异议的，食品生产经营者可以自收到检验结论之日起七个工作日内向实施抽样检验的食品药品监督管理部门或者其上一级食品药品监督管理部门提出复检申请，由受理复检申请的食品药品监督管理部门在公布的复检机构名录中随机确定复检机构进行复检。复检机构出具的复检结论为最终检验结论。复检机构与初检机构不得为同一机构。复检机构名录由国务院认证认可监督管理、食品药品监督管理、卫生行政、农业行政等部门共同公布。

采用国家规定的快速检测方法对食用农产品进行抽查检测，被抽查人对检测结果有异议的，可以自收到检测结果时起四小时内申请复检。复检不得采用快速检测方法。

第八十九条 食品生产企业可以自行对所生产的食品进行检验，也可以委托符合本法规定的食品检验机构进行检验。

食品行业协会和消费者协会等组织、消费者需要委托食品检验机构对食品进行检验的，应当委托符合本法规定的食品检验机构进行。

第九十条 食品添加剂的检验，适用本法有关食品检验的规定。

第六章 食品进出口

第九十一条 国家出入境检验检疫部门对进出口食品安全实施监督管理。

第九十二条 进口的食品、食品添加剂、食品相关产品应当符合我国食品安全国家标准。

进口的食品、食品添加剂应当经出入境检验检疫机构依照进出口商品检验相关法律、行政法规的规定检验合格。

进口的食品、食品添加剂应当按照国家出入境检验检疫部门的要求随附合格证明材料。

第九十三条 进口尚无食品安全国家标准的食品，由境外出口商、境外生产企业或者其委托的进口商向国务院卫生行政部门提交所执行的相关国家（地区）标准或者国际标准。国务院卫生行政部门对相关标准进行审查，认为符合食品安全要求的，决定暂予适用，并及时制定相应的食品安全国家标准。进口利用新的食品原料生产的食品或者进口食品添加剂新品种、食品相关产品新品种，依照本法第三十七条的规定办理。

出入境检验检疫机构按照国务院卫生行政部门的要求，对前款规定的食品、食品添加剂、食品相关产品进行检验。检验结果应当公开。

第九十四条　境外出口商、境外生产企业应当保证向我国出口的食品、食品添加剂、食品相关产品符合本法以及我国其他有关法律、行政法规的规定和食品安全国家标准的要求，并对标签、说明书的内容负责。

进口商应当建立境外出口商、境外生产企业审核制度，重点审核前款规定的内容；审核不合格的，不得进口。

发现进口食品不符合我国食品安全国家标准或者有证据证明可能危害人体健康的，进口商应当立即停止进口，并依照本法第六十三条的规定召回。

第九十五条　境外发生的食品安全事件可能对我国境内造成影响，或者在进口食品、食品添加剂、食品相关产品中发现严重食品安全问题的，国家出入境检验检疫部门应当及时采取风险预警或者控制措施，并向国务院食品药品监督管理、卫生行政、农业行政部门通报。接到通报的部门应当及时采取相应措施。

县级以上人民政府食品药品监督管理部门对国内市场上销售的进口食品、食品添加剂实施监督管理。发现存在严重食品安全问题的，国务院食品药品监督管理部门应当及时向国家出入境检验检疫部门通报。国家出入境检验检疫部门应当及时采取相应措施。

第九十六条　向我国境内出口食品的境外出口商或者代理商、进口食品的进口商应当向国家出入境检验检疫部门备案。向我国境内出口食品的境外食品生产企业应当经国家出入境检验检疫部门注册。已经注册的境外食品生产企业提供虚假材料，或者因其自身的原因致使进口食品发生重大食品安全事故的，国家出入境检验检疫部门应当撤销注册并公告。

国家出入境检验检疫部门应当定期公布已经备案的境外出口商、代理商、进口商和已经注册的境外食品生产企业名单。

第九十七条　进口的预包装食品、食品添加剂应当有中文标签；依法应当有说明书的，还应当有中文说明书。标签、说明书应当符合本法以及我国其他有关法律、行政法规的规定和食品安全国家标准的要求，并载明食品的原产地以及境内代理商的名称、地址、联系方式。预包装食品没有中文标签、中文说明书或者标签、说明书不符合本条规定的，不得进口。

第九十八条　进口商应当建立食品、食品添加剂进口和销售记录制度，如实记录食品、食品添加剂的名称、规格、数量、生产日期、生产或者进口批号、保质期、境外出口商和购货者名称、地址及联系方式、交货日期等内容，并保存相关凭证。记录和凭证保存期限应当符合本法第五十条第二款的规定。

第九十九条　出口食品生产企业应当保证其出口食品符合进口国（地区）的标准

或者合同要求。

出口食品生产企业和出口食品原料种植、养殖场应当向国家出入境检验检疫部门备案。

第一百条　国家出入境检验检疫部门应当收集、汇总下列进出口食品安全信息，并及时通报相关部门、机构和企业：

（一）出入境检验检疫机构对进出口食品实施检验检疫发现的食品安全信息；

（二）食品行业协会和消费者协会等组织、消费者反映的进口食品安全信息；

（三）国际组织、境外政府机构发布的风险预警信息及其他食品安全信息，以及境外食品行业协会等组织、消费者反映的食品安全信息；

（四）其他食品安全信息。

国家出入境检验检疫部门应当对进出口食品的进口商、出口商和出口食品生产企业实施信用管理，建立信用记录，并依法向社会公布。对有不良记录的进口商、出口商和出口食品生产企业，应当加强对其进出口食品的检验检疫。

第一百零一条　国家出入境检验检疫部门可以对向我国境内出口食品的国家（地区）的食品安全管理体系和食品安全状况进行评估和审查，并根据评估和审查结果，确定相应检验检疫要求。

第七章　食品安全事故处置

第一百零二条　国务院组织制定国家食品安全事故应急预案。

县级以上地方人民政府应当根据有关法律、法规的规定和上级人民政府的食品安全事故应急预案以及本行政区域的实际情况，制定本行政区域的食品安全事故应急预案，并报上一级人民政府备案。

食品安全事故应急预案应当对食品安全事故分级、事故处置组织指挥体系与职责、预防预警机制、处置程序、应急保障措施等作出规定。

食品生产经营企业应当制定食品安全事故处置方案，定期检查本企业各项食品安全防范措施的落实情况，及时消除事故隐患。

第一百零三条　发生食品安全事故的单位应当立即采取措施，防止事故扩大。事故单位和接收病人进行治疗的单位应当及时向事故发生地县级人民政府食品药品监督管理、卫生行政部门报告。

县级以上人民政府质量监督、农业行政等部门在日常监督管理中发现食品安全事故或者接到事故举报，应当立即向同级食品药品监督管理部门通报。

发生食品安全事故，接到报告的县级人民政府食品药品监督管理部门应当按照应急预案的规定向本级人民政府和上级人民政府食品药品监督管理部门报告。县级人民政府和上级人民政府食品药品监督管理部门应当按照应急预案的规定上报。

任何单位和个人不得对食品安全事故隐瞒、谎报、缓报，不得隐匿、伪造、毁灭有关证据。

第一百零四条 医疗机构发现其接收的病人属于食源性疾病病人或者疑似病人的，应当按照规定及时将相关信息向所在地县级人民政府卫生行政部门报告。县级人民政府卫生行政部门认为与食品安全有关的，应当及时通报同级食品药品监督管理部门。

县级以上人民政府卫生行政部门在调查处理传染病或者其他突发公共卫生事件中发现与食品安全相关的信息，应当及时通报同级食品药品监督管理部门。

第一百零五条 县级以上人民政府食品药品监督管理部门接到食品安全事故的报告后，应当立即会同同级卫生行政、质量监督、农业行政等部门进行调查处理，并采取下列措施，防止或者减轻社会危害：

（一）开展应急救援工作，组织救治因食品安全事故导致人身伤害的人员；

（二）封存可能导致食品安全事故的食品及其原料，并立即进行检验；对确认属于被污染的食品及其原料，责令食品生产经营者依照本法第六十三条的规定召回或者停止经营；

（三）封存被污染的食品相关产品，并责令进行清洗消毒；

（四）做好信息发布工作，依法对食品安全事故及其处理情况进行发布，并对可能产生的危害加以解释、说明。

发生食品安全事故需要启动应急预案的，县级以上人民政府应当立即成立事故处置指挥机构，启动应急预案，依照前款和应急预案的规定进行处置。

发生食品安全事故，县级以上疾病预防控制机构应当对事故现场进行卫生处理，并对与事故有关的因素开展流行病学调查，有关部门应当予以协助。县级以上疾病预防控制机构应当向同级食品药品监督管理、卫生行政部门提交流行病学调查报告。

第一百零六条 发生食品安全事故，设区的市级以上人民政府食品药品监督管理部门应当立即会同有关部门进行事故责任调查，督促有关部门履行职责，向本级人民政府和上一级人民政府食品药品监督管理部门提出事故责任调查处理报告。

涉及两个以上省、自治区、直辖市的重大食品安全事故由国务院食品药品监督管理部门依照前款规定组织事故责任调查。

第一百零七条 调查食品安全事故，应当坚持实事求是、尊重科学的原则，及时、准确查清事故性质和原因，认定事故责任，提出整改措施。

调查食品安全事故，除了查明事故单位的责任，还应当查明有关监督管理部门、食品检验机构、认证机构及其工作人员的责任。

第一百零八条 食品安全事故调查部门有权向有关单位和个人了解与事故有关的情况，并要求提供相关资料和样品。有关单位和个人应当予以配合，按照要求提供相关资料和样品，不得拒绝。

任何单位和个人不得阻挠、干涉食品安全事故的调查处理。

第八章　监督管理

第一百零九条 县级以上人民政府食品药品监督管理、质量监督部门根据食品安全风险监测、风险评估结果和食品安全状况等，确定监督管理的重点、方式和频次，实施风险分级管理。

县级以上地方人民政府组织本级食品药品监督管理、质量监督、农业行政等部门制定本行政区域的食品安全年度监督管理计划，向社会公布并组织实施。

食品安全年度监督管理计划应当将下列事项作为监督管理的重点：

（一）专供婴幼儿和其他特定人群的主辅食品；

（二）保健食品生产过程中的添加行为和按照注册或者备案的技术要求组织生产的情况，保健食品标签、说明书以及宣传材料中有关功能宣传的情况；

（三）发生食品安全事故风险较高的食品生产经营者；

（四）食品安全风险监测结果表明可能存在食品安全隐患的事项。

第一百一十条 县级以上人民政府食品药品监督管理、质量监督部门履行各自食品安全监督管理职责，有权采取下列措施，对生产经营者遵守本法的情况进行监督检查：

（一）进入生产经营场所实施现场检查；

（二）对生产经营的食品、食品添加剂、食品相关产品进行抽样检验；

（三）查阅、复制有关合同、票据、账簿以及其他有关资料；

（四）查封、扣押有证据证明不符合食品安全标准或者有证据证明存在安全隐患以及用于违法生产经营的食品、食品添加剂、食品相关产品；

（五）查封违法从事生产经营活动的场所。

第一百一十一条 对食品安全风险评估结果证明食品存在安全隐患，需要制定、修订食品安全标准的，在制定、修订食品安全标准前，国务院卫生行政部门应当及时会同国务院有关部门规定食品中有害物质的临时限量值和临时检验方法，作为生产经营和监督管理的依据。

第一百一十二条 县级以上人民政府食品药品监督管理部门在食品安全监督管理工作中可以采用国家规定的快速检测方法对食品进行抽查检测。

对抽查检测结果表明可能不符合食品安全标准的食品，应当依照本法第八十七条的规定进行检验。抽查检测结果确定有关食品不符合食品安全标准的，可以作为行政处罚的依据。

第一百一十三条 县级以上人民政府食品药品监督管理部门应当建立食品生产经营者食品安全信用档案，记录许可颁发、日常监督检查结果、违法行为查处等情况，依法向社会公布并实时更新；对有不良信用记录的食品生产经营者增加监督检查频次，对违法行为情节严重的食品生产经营者，可以通报投资主管部门、证券监督管理机构和有关的金融机构。

第一百一十四条 食品生产经营过程中存在食品安全隐患，未及时采取措施消除的，县级以上人民政府食品药品监督管理部门可以对食品生产经营者的法定代表人或者主要负责人进行责任约谈。食品生产经营者应当立即采取措施，进行整改，消除隐患。责任约谈情况和整改情况应当纳入食品生产经营者食品安全信用档案。

第一百一十五条 县级以上人民政府食品药品监督管理、质量监督等部门应当公布本部门的电子邮件地址或者电话，接受咨询、投诉、举报。接到咨询、投诉、举报，对属于本部门职责的，应当受理并在法定期限内及时答复、核实、处理；对不属于本部门职责的，应当移交有权处理的部门并书面通知咨询、投诉、举报人。有权处理的部门应当在法定期限内及时处理，不得推诿。对查证属实的举报，给予举报人奖励。

有关部门应当对举报人的信息予以保密，保护举报人的合法权益。举报人举报所在企业的，该企业不得以解除、变更劳动合同或者其他方式对举报人进行打击报复。

第一百一十六条 县级以上人民政府食品药品监督管理、质量监督等部门应当加强对执法人员食品安全法律、法规、标准和专业知识与执法能力等的培训，并组织考核。不具备相应知识和能力的，不得从事食品安全执法工作。

食品生产经营者、食品行业协会、消费者协会等发现食品安全执法人员在执法过程中有违反法律、法规规定的行为以及不规范执法行为的，可以向本级或者上级人民政府食品药品监督管理、质量监督等部门或者监察机关投诉、举报。接到投诉、举报的部门或者机关应当进行核实，并将经核实的情况向食品安全执法人员所在部门通报；涉嫌违法违纪的，按照本法和有关规定处理。

第一百一十七条 县级以上人民政府食品药品监督管理等部门未及时发现食品安全系统性风险，未及时消除监督管理区域内的食品安全隐患的，本级人民政府可以对其主要负责人进行责任约谈。

地方人民政府未履行食品安全职责，未及时消除区域性重大食品安全隐患的，上级人民政府可以对其主要负责人进行责任约谈。

被约谈的食品药品监督管理等部门、地方人民政府应当立即采取措施，对食品安全监督管理工作进行整改。

责任约谈情况和整改情况应当纳入地方人民政府和有关部门食品安全监督管理工作评议、考核记录。

第一百一十八条 国家建立统一的食品安全信息平台，实行食品安全信息统一公布制度。国家食品安全总体情况、食品安全风险警示信息、重大食品安全事故及其调查处理信息和国务院确定需要统一公布的其他信息由国务院食品药品监督管理部门统一公布。食品安全风险警示信息和重大食品安全事故及其调查处理信息的影响限于特定区域的，也可以由有关省、自治区、直辖市人民政府食品药品监督管理部门公布。未经授权不得发布上述信息。

县级以上人民政府食品药品监督管理、质量监督、农业行政部门依据各自职责公布食品安全日常监督管理信息。

公布食品安全信息，应当做到准确、及时，并进行必要的解释说明，避免误导消费者和社会舆论。

第一百一十九条 县级以上地方人民政府食品药品监督管理、卫生行政、质量监督、农业行政部门获知本法规定需要统一公布的信息，应当向上级主管部门报告，由上级主管部门立即报告国务院食品药品监督管理部门；必要时，可以直接向国务院食品药品监督管理部门报告。

县级以上人民政府食品药品监督管理、卫生行政、质量监督、农业行政部门应当相互通报获知的食品安全信息。

第一百二十条 任何单位和个人不得编造、散布虚假食品安全信息。

县级以上人民政府食品药品监督管理部门发现可能误导消费者和社会舆论的食品安全信息，应当立即组织有关部门、专业机构、相关食品生产经营者等进行核实、分析，并及时公布结果。

第一百二十一条 县级以上人民政府食品药品监督管理、质量监督等部门发现涉嫌食品安全犯罪的，应当按照有关规定及时将案件移送公安机关。对移送的案件，公安机关应当及时审查；认为有犯罪事实需要追究刑事责任的，应当立案侦查。

公安机关在食品安全犯罪案件侦查过程中认为没有犯罪事实，或者犯罪事实显著轻微，不需要追究刑事责任，但依法应当追究行政责任的，应当及时将案件移送食品药品监督管理、质量监督等部门和监察机关，有关部门应当依法处理。

公安机关商请食品药品监督管理、质量监督、环境保护等部门提供检验结论、认定意见以及对涉案物品进行无害化处理等协助的，有关部门应当及时提供，予以协助。

第九章　法律责任

第一百二十二条　违反本法规定，未取得食品生产经营许可从事食品生产经营活动，或者未取得食品添加剂生产许可从事食品添加剂生产活动的，由县级以上人民政府食品药品监督管理部门没收违法所得和违法生产经营的食品、食品添加剂以及用于违法生产经营的工具、设备、原料等物品；违法生产经营的食品、食品添加剂货值金额不足一万元的，并处五万元以上十万元以下罚款；货值金额一万元以上的，并处货值金额十倍以上二十倍以下罚款。

明知从事前款规定的违法行为，仍为其提供生产经营场所或者其他条件的，由县级以上人民政府食品药品监督管理部门责令停止违法行为，没收违法所得，并处五万元以上十万元以下罚款；使消费者的合法权益受到损害的，应当与食品、食品添加剂生产经营者承担连带责任。

第一百二十三条　违反本法规定，有下列情形之一，尚不构成犯罪的，由县级以上人民政府食品药品监督管理部门没收违法所得和违法生产经营的食品，并可以没收用于违法生产经营的工具、设备、原料等物品；违法生产经营的食品货值金额不足一万元的，并处十万元以上十五万元以下罚款；货值金额一万元以上的，并处货值金额十五倍以上三十倍以下罚款；情节严重的，吊销许可证，并可以由公安机关对其直接负责的主管人员和其他直接责任人员处五日以上十五日以下拘留：

（一）用非食品原料生产食品、在食品中添加食品添加剂以外的化学物质和其他可能危害人体健康的物质，或者用回收食品作为原料生产食品，或者经营上述食品；

（二）生产经营营养成分不符合食品安全标准的专供婴幼儿和其他特定人群的主辅食品；

（三）经营病死、毒死或者死因不明的禽、畜、兽、水产动物肉类，或者生产经营其制品；

（四）经营未按规定进行检疫或者检疫不合格的肉类，或者生产经营未经检验或者检验不合格的肉类制品；

（五）生产经营国家为防病等特殊需要明令禁止生产经营的食品；

（六）生产经营添加药品的食品。

明知从事前款规定的违法行为，仍为其提供生产经营场所或者其他条件的，由县级以上人民政府食品药品监督管理部门责令停止违法行为，没收违法所得，并处十万元以上二十万元以下罚款；使消费者的合法权益受到损害的，应当与食品生产经营者承担连带责任。

违法使用剧毒、高毒农药的，除依照有关法律、法规规定给予处罚外，可以由公安机关依照第一款规定给予拘留。

第一百二十四条 违反本法规定，有下列情形之一，尚不构成犯罪的，由县级以上人民政府食品药品监督管理部门没收违法所得和违法生产经营的食品、食品添加剂，并可以没收用于违法生产经营的工具、设备、原料等物品；违法生产经营的食品、食品添加剂货值金额不足一万元的，并处五万元以上十万元以下罚款；货值金额一万元以上的，并处货值金额十倍以上二十倍以下罚款；情节严重的，吊销许可证：

（一）生产经营致病性微生物，农药残留、兽药残留、生物毒素、重金属等污染物质以及其他危害人体健康的物质含量超过食品安全标准限量的食品、食品添加剂；

（二）用超过保质期的食品原料、食品添加剂生产食品、食品添加剂，或者经营上述食品、食品添加剂；

（三）生产经营超范围、超限量使用食品添加剂的食品；

（四）生产经营腐败变质、油脂酸败、霉变生虫、污秽不洁、混有异物、掺假掺杂或者感官性状异常的食品、食品添加剂；

（五）生产经营标注虚假生产日期、保质期或者超过保质期的食品、食品添加剂；

（六）生产经营未按规定注册的保健食品、特殊医学用途配方食品、婴幼儿配方乳粉，或者未按注册的产品配方、生产工艺等技术要求组织生产；

（七）以分装方式生产婴幼儿配方乳粉，或者同一企业以同一配方生产不同品牌的婴幼儿配方乳粉；

（八）利用新的食品原料生产食品，或者生产食品添加剂新品种，未通过安全性评估；

（九）食品生产经营者在食品药品监督管理部门责令其召回或者停止经营后，仍拒不召回或者停止经营。

除前款和本法第一百二十三条、第一百二十五条规定的情形外，生产经营不符合法律、法规或者食品安全标准的食品、食品添加剂的，依照前款规定给予处罚。

生产食品相关产品新品种，未通过安全性评估，或者生产不符合食品安全标准的食品相关产品的，由县级以上人民政府质量监督部门依照第一款规定给予处罚。

第一百二十五条 违反本法规定，有下列情形之一的，由县级以上人民政府食品药品监督管理部门没收违法所得和违法生产经营的食品、食品添加剂，并可以没收用于违法生产经营的工具、设备、原料等物品；违法生产经营的食品、食品添加剂货值金额不足一万元的，并处五千元以上五万元以下罚款；货值金额一万元以上的，并处货值金额五倍以上十倍以下罚款；情节严重的，责令停产停业，直至吊销许可证：

（一）生产经营被包装材料、容器、运输工具等污染的食品、食品添加剂；

（二）生产经营无标签的预包装食品、食品添加剂或者标签、说明书不符合本法规定的食品、食品添加剂；

（三）生产经营转基因食品未按规定进行标示；

（四）食品生产经营者采购或者使用不符合食品安全标准的食品原料、食品添加剂、食品相关产品。

生产经营的食品、食品添加剂的标签、说明书存在瑕疵但不影响食品安全且不会对消费者造成误导的，由县级以上人民政府食品药品监督管理部门责令改正；拒不改正的，处二千元以下罚款。

第一百二十六条　违反本法规定，有下列情形之一的，由县级以上人民政府食品药品监督管理部门责令改正，给予警告；拒不改正的，处五千元以上五万元以下罚款；情节严重的，责令停产停业，直至吊销许可证：

（一）食品、食品添加剂生产者未按规定对采购的食品原料和生产的食品、食品添加剂进行检验；

（二）食品生产经营企业未按规定建立食品安全管理制度，或者未按规定配备或者培训、考核食品安全管理人员；

（三）食品、食品添加剂生产经营者进货时未查验许可证和相关证明文件，或者未按规定建立并遵守进货查验记录、出厂检验记录和销售记录制度；

（四）食品生产经营企业未制定食品安全事故处置方案；

（五）餐具、饮具和盛放直接入口食品的容器，使用前未经洗净、消毒或者清洗消毒不合格，或者餐饮服务设施、设备未按规定定期维护、清洗、校验；

（六）食品生产经营者安排未取得健康证明或者患有国务院卫生行政部门规定的有碍食品安全疾病的人员从事接触直接入口食品的工作；

（七）食品经营者未按规定要求销售食品；

（八）保健食品生产企业未按规定向食品药品监督管理部门备案，或者未按备案的产品配方、生产工艺等技术要求组织生产；

（九）婴幼儿配方食品生产企业未将食品原料、食品添加剂、产品配方、标签等向食品药品监督管理部门备案；

（十）特殊食品生产企业未按规定建立生产质量管理体系并有效运行，或者未定期提交自查报告；

（十一）食品生产经营者未定期对食品安全状况进行检查评价，或者生产经营条件发生变化，未按规定处理；

（十二）学校、托幼机构、养老机构、建筑工地等集中用餐单位未按规定履行食品安全管理责任；

（十三）食品生产企业、餐饮服务提供者未按规定制定、实施生产经营过程控制要求。

餐具、饮具集中消毒服务单位违反本法规定用水，使用洗涤剂、消毒剂，或者出厂的餐具、饮具未按规定检验合格并随附消毒合格证明，或者未按规定在独立包装上标注相关内容的，由县级以上人民政府卫生行政部门依照前款规定给予处罚。

食品相关产品生产者未按规定对生产的食品相关产品进行检验的，由县级以上人民政府质量监督部门依照第一款规定给予处罚。

食用农产品销售者违反本法第六十五条规定的，由县级以上人民政府食品药品监督管理部门依照第一款规定给予处罚。

第一百二十七条 对食品生产加工小作坊、食品摊贩等的违法行为的处罚，依照省、自治区、直辖市制定的具体管理办法执行。

第一百二十八条 违反本法规定，事故单位在发生食品安全事故后未进行处置、报告的，由有关主管部门按照各自职责分工责令改正，给予警告；隐匿、伪造、毁灭有关证据的，责令停产停业，没收违法所得，并处十万元以上五十万元以下罚款；造成严重后果的，吊销许可证。

第一百二十九条 违反本法规定，有下列情形之一的，由出入境检验检疫机构依照本法第一百二十四条的规定给予处罚：

（一）提供虚假材料，进口不符合我国食品安全国家标准的食品、食品添加剂、食品相关产品；

（二）进口尚无食品安全国家标准的食品，未提交所执行的标准并经国务院卫生行政部门审查，或者进口利用新的食品原料生产的食品或者进口食品添加剂新品种、食品相关产品新品种，未通过安全性评估；

（三）未遵守本法的规定出口食品；

（四）进口商在有关主管部门责令其依照本法规定召回进口的食品后，仍拒不召回。

违反本法规定，进口商未建立并遵守食品、食品添加剂进口和销售记录制度、境外出口商或者生产企业审核制度的，由出入境检验检疫机构依照本法第一百二十六条的规定给予处罚。

第一百三十条　违反本法规定，集中交易市场的开办者、柜台出租者、展销会的举办者允许未依法取得许可的食品经营者进入市场销售食品，或者未履行检查、报告等义务的，由县级以上人民政府食品药品监督管理部门责令改正，没收违法所得，并处五万元以上二十万元以下罚款；造成严重后果的，责令停业，直至由原发证部门吊销许可证；使消费者的合法权益受到损害的，应当与食品经营者承担连带责任。

食用农产品批发市场违反本法第六十四条规定的，依照前款规定承担责任。

第一百三十一条　违反本法规定，网络食品交易第三方平台提供者未对入网食品经营者进行实名登记、审查许可证，或者未履行报告、停止提供网络交易平台服务等义务的，由县级以上人民政府食品药品监督管理部门责令改正，没收违法所得，并处五万元以上二十万元以下罚款；造成严重后果的，责令停业，直至由原发证部门吊销许可证；使消费者的合法权益受到损害的，应当与食品经营者承担连带责任。

消费者通过网络食品交易第三方平台购买食品，其合法权益受到损害的，可以向入网食品经营者或者食品生产者要求赔偿。网络食品交易第三方平台提供者不能提供入网食品经营者的真实名称、地址和有效联系方式的，由网络食品交易第三方平台提供者赔偿。网络食品交易第三方平台提供者赔偿后，有权向入网食品经营者或者食品生产者追偿。网络食品交易第三方平台提供者作出更有利于消费者承诺的，应当履行其承诺。

第一百三十二条　违反本法规定，未按要求进行食品贮存、运输和装卸的，由县级以上人民政府食品药品监督管理等部门按照各自职责分工责令改正，给予警告；拒不改正的，责令停产停业，并处一万元以上五万元以下罚款；情节严重的，吊销许可证。

第一百三十三条　违反本法规定，拒绝、阻挠、干涉有关部门、机构及其工作人员依法开展食品安全监督检查、事故调查处理、风险监测和风险评估的，由有关主管部门按照各自职责分工责令停产停业，并处二千元以上五万元以下罚款；情节严重的，吊销许可证；构成违反治安管理行为的，由公安机关依法给予治安管理处罚。

违反本法规定，对举报人以解除、变更劳动合同或者其他方式打击报复的，应当依照有关法律的规定承担责任。

第一百三十四条　食品生产经营者在一年内累计三次因违反本法规定受到责令停产停业、吊销许可证以外处罚的，由食品药品监督管理部门责令停产停业，直至吊销许可证。

第一百三十五条　被吊销许可证的食品生产经营者及其法定代表人、直接负责的主管人员和其他直接责任人员自处罚决定作出之日起五年内不得申请食品生产经营许可，或者从事食品生产经营管理工作、担任食品生产经营企业食品安全管理人员。

因食品安全犯罪被判处有期徒刑以上刑罚的，终身不得从事食品生产经营管理工作，也不得担任食品生产经营企业食品安全管理人员。

食品生产经营者聘用人员违反前两款规定的，由县级以上人民政府食品药品监督管理部门吊销许可证。

第一百三十六条　食品经营者履行了本法规定的进货查验等义务，有充分证据证明其不知道所采购的食品不符合食品安全标准，并能如实说明其进货来源的，可以免予处罚，但应当依法没收其不符合食品安全标准的食品；造成人身、财产或者其他损害的，依法承担赔偿责任。

第一百三十七条　违反本法规定，承担食品安全风险监测、风险评估工作的技术机构、技术人员提供虚假监测、评估信息的，依法对技术机构直接负责的主管人员和技术人员给予撤职、开除处分；有执业资格的，由授予其资格的主管部门吊销执业证书。

第一百三十八条　违反本法规定，食品检验机构、食品检验人员出具虚假检验报告的，由授予其资质的主管部门或者机构撤销该食品检验机构的检验资质，没收所收取的检验费用，并处检验费用五倍以上十倍以下罚款，检验费用不足一万元的，并处五万元以上十万元以下罚款；依法对食品检验机构直接负责的主管人员和食品检验人员给予撤职或者开除处分；导致发生重大食品安全事故的，对直接负责的主管人员和食品检验人员给予开除处分。

违反本法规定，受到开除处分的食品检验机构人员，自处分决定作出之日起十年内不得从事食品检验工作；因食品安全违法行为受到刑事处罚或者因出具虚假检验报告导致发生重大食品安全事故受到开除处分的食品检验机构人员，终身不得从事食品检验工作。食品检验机构聘用不得从事食品检验工作的人员的，由授予其资质的主管部门或者机构撤销该食品检验机构的检验资质。

食品检验机构出具虚假检验报告，使消费者的合法权益受到损害的，应当与食品生产经营者承担连带责任。

第一百三十九条　违反本法规定，认证机构出具虚假认证结论，由认证认可监督管理部门没收所收取的认证费用，并处认证费用五倍以上十倍以下罚款，认证费用不足一万元的，并处五万元以上十万元以下罚款；情节严重的，责令停业，直至撤销认证机构批准文件，并向社会公布；对直接负责的主管人员和负有直接责任的认证人员，撤销其执业资格。

认证机构出具虚假认证结论，使消费者的合法权益受到损害的，应当与食品生产经营者承担连带责任。

第一百四十条 违反本法规定，在广告中对食品作虚假宣传，欺骗消费者，或者发布未取得批准文件、广告内容与批准文件不一致的保健食品广告的，依照《中华人民共和国广告法》的规定给予处罚。

广告经营者、发布者设计、制作、发布虚假食品广告，使消费者的合法权益受到损害的，应当与食品生产经营者承担连带责任。

社会团体或者其他组织、个人在虚假广告或者其他虚假宣传中向消费者推荐食品，使消费者的合法权益受到损害的，应当与食品生产经营者承担连带责任。

违反本法规定，食品药品监督管理等部门、食品检验机构、食品行业协会以广告或者其他形式向消费者推荐食品，消费者组织以收取费用或者其他牟取利益的方式向消费者推荐食品的，由有关主管部门没收违法所得，依法对直接负责的主管人员和其他直接责任人员给予记大过、降级或者撤职处分；情节严重的，给予开除处分。

对食品作虚假宣传且情节严重的，由省级以上人民政府食品药品监督管理部门决定暂停销售该食品，并向社会公布；仍然销售该食品的，由县级以上人民政府食品药品监督管理部门没收违法所得和违法销售的食品，并处二万元以上五万元以下罚款。

第一百四十一条 违反本法规定，编造、散布虚假食品安全信息，构成违反治安管理行为的，由公安机关依法给予治安管理处罚。

媒体编造、散布虚假食品安全信息的，由有关主管部门依法给予处罚，并对直接负责的主管人员和其他直接责任人员给予处分；使公民、法人或者其他组织的合法权益受到损害的，依法承担消除影响、恢复名誉、赔偿损失、赔礼道歉等民事责任。

第一百四十二条 违反本法规定，县级以上地方人民政府有下列行为之一的，对直接负责的主管人员和其他直接责任人员给予记大过处分；情节较重的，给予降级或者撤职处分；情节严重的，给予开除处分；造成严重后果的，其主要负责人还应当引咎辞职：

（一）对发生在本行政区域内的食品安全事故，未及时组织协调有关部门开展有效处置，造成不良影响或者损失；

（二）对本行政区域内涉及多环节的区域性食品安全问题，未及时组织整治，造成不良影响或者损失；

（三）隐瞒、谎报、缓报食品安全事故；

（四）本行政区域内发生特别重大食品安全事故，或者连续发生重大食品安全事故。

第一百四十三条 违反本法规定，县级以上地方人民政府有下列行为之一的，对直接负责的主管人员和其他直接责任人员给予警告、记过或者记大过处分；造成严重后果的，给予降级或者撤职处分：

（一）未确定有关部门的食品安全监督管理职责，未建立健全食品安全全程监督管理工作机制和信息共享机制，未落实食品安全监督管理责任制；

（二）未制定本行政区域的食品安全事故应急预案，或者发生食品安全事故后未按规定立即成立事故处置指挥机构、启动应急预案。

第一百四十四条 违反本法规定，县级以上人民政府食品药品监督管理、卫生行政、质量监督、农业行政等部门有下列行为之一的，对直接负责的主管人员和其他直接责任人员给予记大过处分；情节较重的，给予降级或者撤职处分；情节严重的，给予开除处分；造成严重后果的，其主要负责人还应当引咎辞职：

（一）隐瞒、谎报、缓报食品安全事故；

（二）未按规定查处食品安全事故，或者接到食品安全事故报告未及时处理，造成事故扩大或者蔓延；

（三）经食品安全风险评估得出食品、食品添加剂、食品相关产品不安全结论后，未及时采取相应措施，造成食品安全事故或者不良社会影响；

（四）对不符合条件的申请人准予许可，或者超越法定职权准予许可；

（五）不履行食品安全监督管理职责，导致发生食品安全事故。

第一百四十五条 违反本法规定，县级以上人民政府食品药品监督管理、卫生行政、质量监督、农业行政等部门有下列行为之一，造成不良后果的，对直接负责的主管人员和其他直接责任人员给予警告、记过或者记大过处分；情节较重的，给予降级或者撤职处分；情节严重的，给予开除处分：

（一）在获知有关食品安全信息后，未按规定向上级主管部门和本级人民政府报告，或者未按规定相互通报；

（二）未按规定公布食品安全信息；

（三）不履行法定职责，对查处食品安全违法行为不配合，或者滥用职权、玩忽职守、徇私舞弊。

第一百四十六条 食品药品监督管理、质量监督等部门在履行食品安全监督管理职责过程中，违法实施检查、强制等执法措施，给生产经营者造成损失的，应当依法予以赔偿，对直接负责的主管人员和其他直接责任人员依法给予处分。

第一百四十七条 违反本法规定，造成人身、财产或者其他损害的，依法承担赔偿责任。生产经营者财产不足以同时承担民事赔偿责任和缴纳罚款、罚金时，先承担民事赔偿责任。

第一百四十八条 消费者因不符合食品安全标准的食品受到损害的，可以向经营者要求赔偿损失，也可以向生产者要求赔偿损失。接到消费者赔偿要求的生产经营者，应当实行首负责任制，先行赔付，不得推诿；属于生产者责任的，经营者赔偿后有权向生产者追偿；属于经营者责任的，生产者赔偿后有权向经营者追偿。

生产不符合食品安全标准的食品或者经营明知是不符合食品安全标准的食品，消费者除要求赔偿损失外，还可以向生产者或者经营者要求支付价款十倍或者损失三倍的赔偿金；增加赔偿的金额不足一千元的，为一千元。但是，食品的标签、说明书存在不影响食品安全且不会对消费者造成误导的瑕疵的除外。

第一百四十九条 违反本法规定，构成犯罪的，依法追究刑事责任。

第十章 附 则

第一百五十条 本法下列用语的含义：

食品，指各种供人食用或者饮用的成品和原料以及按照传统既是食品又是中药材的物品，但是不包括以治疗为目的的物品。

食品安全，指食品无毒、无害，符合应当有的营养要求，对人体健康不造成任何急性、亚急性或者慢性危害。

预包装食品，指预先定量包装或者制作在包装材料、容器中的食品。

食品添加剂，指为改善食品品质和色、香、味以及为防腐、保鲜和加工工艺的需要而加入食品中的人工合成或者天然物质，包括营养强化剂。

用于食品的包装材料和容器，指包装、盛放食品或者食品添加剂用的纸、竹、木、金属、搪瓷、陶瓷、塑料、橡胶、天然纤维、化学纤维、玻璃等制品和直接接触食品或者食品添加剂的涂料。

用于食品生产经营的工具、设备，指在食品或者食品添加剂生产、销售、使用过程中直接接触食品或者食品添加剂的机械、管道、传送带、容器、用具、餐具等。

用于食品的洗涤剂、消毒剂，指直接用于洗涤或者消毒食品、餐具、饮具以及直接接触食品的工具、设备或者食品包装材料和容器的物质。

食品保质期，指食品在标明的贮存条件下保持品质的期限。

食源性疾病，指食品中致病因素进入人体引起的感染性、中毒性等疾病，包括食物中毒。

食品安全事故，指食源性疾病、食品污染等源于食品，对人体健康有危害或者可能有危害的事故。

第一百五十一条 转基因食品和食盐的食品安全管理，本法未作规定的，适用其他法律、行政法规的规定。

第一百五十二条 铁路、民航运营中食品安全的管理办法由国务院食品药品监督管理部门会同国务院有关部门依照本法制定。

保健食品的具体管理办法由国务院食品药品监督管理部门依照本法制定。

食品相关产品生产活动的具体管理办法由国务院质量监督部门依照本法制定。

国境口岸食品的监督管理由出入境检验检疫机构依照本法以及有关法律、行政法规的规定实施。

军队专用食品和自供食品的食品安全管理办法由中央军事委员会依照本法制定。

第一百五十三条 国务院根据实际需要，可以对食品安全监督管理体制作出调整。

第一百五十四条 本法自 2015 年 10 月 1 日起施行。

中华人民共和国国务院令

第 557 号

《中华人民共和国食品安全法实施条例》已经 2009 年 7 月 8 日国务院第 73 次常务会议通过，现予公布，自公布之日起施行。

总　理　温家宝

2009 年 7 月 20 日

中华人民共和国食品安全法实施条例

第一章　总　则

第一条　根据《中华人民共和国食品安全法》（以下简称食品安全法），制定本条例。

第二条　县级以上地方人民政府应当履行食品安全法规定的职责；加强食品安全监督管理能力建设，为食品安全监督管理工作提供保障；建立健全食品安全监督管理部门的协调配合机制，整合、完善食品安全信息网络，实现食品安全信息共享和食品检验等技术资源的共享。

第三条　食品生产经营者应当依照法律、法规和食品安全标准从事生产经营活动，建立健全食品安全管理制度，采取有效管理措施，保证食品安全。

食品生产经营者对其生产经营的食品安全负责，对社会和公众负责，承担社会责任。

　　第四条 食品安全监督管理部门应当依照食品安全法和本条例的规定公布食品安全信息，为公众咨询、投诉、举报提供方便；任何组织和个人有权向有关部门了解食品安全信息。

第二章 食品安全风险监测和评估

　　第五条 食品安全法第十一条规定的国家食品安全风险监测计划，由国务院卫生行政部门会同国务院质量监督、工商行政管理和国家食品药品监督管理以及国务院商务、工业和信息化等部门，根据食品安全风险评估、食品安全标准制定与修订、食品安全监督管理等工作的需要制定。

　　第六条 省、自治区、直辖市人民政府卫生行政部门应当组织同级质量监督、工商行政管理、食品药品监督管理、商务、工业和信息化等部门，依照食品安全法第十一条的规定，制定本行政区域的食品安全风险监测方案，报国务院卫生行政部门备案。

　　国务院卫生行政部门应当将备案情况向国务院质量监督、工商行政管理和国家食品药品监督管理以及国务院商务、工业和信息化等部门通报。

　　第七条 国务院卫生行政部门会同有关部门除依照食品安全法第十二条的规定对国家食品安全风险监测计划作出调整外，必要时，还应当依据医疗机构报告的有关疾病信息调整国家食品安全风险监测计划。

　　国家食品安全风险监测计划作出调整后，省、自治区、直辖市人民政府卫生行政部门应当结合本行政区域的具体情况，对本行政区域的食品安全风险监测方案作出相应调整。

　　第八条 医疗机构发现其接收的病人属于食源性疾病病人、食物中毒病人，或者疑似食源性疾病病人、疑似食物中毒病人的，应当及时向所在地县级人民政府卫生行政部门报告有关疾病信息。

　　报告的卫生行政部门应当汇总、分析有关疾病信息，及时向本级人民政府报告，同时报告上级卫生行政部门；必要时，可以直接向国务院卫生行政部门报告，同时报告本级人民政府和上级卫生行政部门。

　　第九条 食品安全风险监测工作由省级以上人民政府卫生行政部门会同同级质量监督、工商行政管理、食品药品监督管理等部门确定的技术机构承担。

　　承担食品安全风险监测工作的技术机构应当根据食品安全风险监测计划和监测方案开展监测工作，保证监测数据真实、准确，并按照食品安全风险监测计划和监测方案的要求，将监测数据和分析结果报送省级以上人民政府卫生行政部门和下达监测任务的部门。

食品安全风险监测工作人员采集样品、收集相关数据，可以进入相关食用农产品种植养殖、食品生产、食品流通或者餐饮服务场所。采集样品，应当按照市场价格支付费用。

第十条 食品安全风险监测分析结果表明可能存在食品安全隐患的，省、自治区、直辖市人民政府卫生行政部门应当及时将相关信息通报本行政区域设区的市级和县级人民政府及其卫生行政部门。

第十一条 国务院卫生行政部门应当收集、汇总食品安全风险监测数据和分析结果，并向国务院质量监督、工商行政管理和国家食品药品监督管理以及国务院商务、工业和信息化等部门通报。

第十二条 有下列情形之一的，国务院卫生行政部门应当组织食品安全风险评估工作：

（一）为制定或者修订食品安全国家标准提供科学依据需要进行风险评估的；

（二）为确定监督管理的重点领域、重点品种需要进行风险评估的；

（三）发现新的可能危害食品安全的因素的；

（四）需要判断某一因素是否构成食品安全隐患的；

（五）国务院卫生行政部门认为需要进行风险评估的其他情形。

第十三条 国务院农业行政、质量监督、工商行政管理和国家食品药品监督管理等有关部门依照食品安全法第十五条规定向国务院卫生行政部门提出食品安全风险评估建议，应当提供下列信息和资料：

（一）风险的来源和性质；

（二）相关检验数据和结论；

（三）风险涉及范围；

（四）其他有关信息和资料。

县级以上地方农业行政、质量监督、工商行政管理、食品药品监督管理等有关部门应当协助收集前款规定的食品安全风险评估信息和资料。

第十四条 省级以上人民政府卫生行政、农业行政部门应当及时相互通报食品安全风险监测和食用农产品质量安全风险监测的相关信息。

国务院卫生行政、农业行政部门应当及时相互通报食品安全风险评估结果和食用农产品质量安全风险评估结果等相关信息。

第三章　食品安全标准

第十五条　国务院卫生行政部门会同国务院农业行政、质量监督、工商行政管理和国家食品药品监督管理以及国务院商务、工业和信息化等部门制定食品安全国家标准规划及其实施计划。制定食品安全国家标准规划及其实施计划，应当公开征求意见。

第十六条　国务院卫生行政部门应当选择具备相应技术能力的单位起草食品安全国家标准草案。提倡由研究机构、教育机构、学术团体、行业协会等单位，共同起草食品安全国家标准草案。

国务院卫生行政部门应当将食品安全国家标准草案向社会公布，公开征求意见。

第十七条　食品安全法第二十三条规定的食品安全国家标准审评委员会由国务院卫生行政部门负责组织。

食品安全国家标准审评委员会负责审查食品安全国家标准草案的科学性和实用性等内容。

第十八条　省、自治区、直辖市人民政府卫生行政部门应当将企业依照食品安全法第二十五条规定报送备案的企业标准，向同级农业行政、质量监督、工商行政管理、食品药品监督管理、商务、工业和信息化等部门通报。

第十九条　国务院卫生行政部门和省、自治区、直辖市人民政府卫生行政部门应当会同同级农业行政、质量监督、工商行政管理、食品药品监督管理、商务、工业和信息化等部门，对食品安全国家标准和食品安全地方标准的执行情况分别进行跟踪评价，并应当根据评价结果适时组织修订食品安全标准。

国务院和省、自治区、直辖市人民政府的农业行政、质量监督、工商行政管理、食品药品监督管理、商务、工业和信息化等部门应当收集、汇总食品安全标准在执行过程中存在的问题，并及时向同级卫生行政部门通报。

食品生产经营者、食品行业协会发现食品安全标准在执行过程中存在问题的，应当立即向食品安全监督管理部门报告。

第四章　食品生产经营

第二十条　设立食品生产企业，应当预先核准企业名称，依照食品安全法的规定取得食品生产许可后，办理工商登记。县级以上质量监督管理部门依照有关法律、行政法规规定审核相关资料、核查生产场所、检验相关产品；对相关资料、场所符合规定要求以及相关产品符合食品安全标准或者要求的，应当作出准予许可的决定。

其他食品生产经营者应当在依法取得相应的食品生产许可、食品流通许可、餐饮服务许可后，办理工商登记。法律、法规对食品生产加工小作坊和食品摊贩另有规定的，依照其规定。

食品生产许可、食品流通许可和餐饮服务许可的有效期为 3 年。

第二十一条 食品生产经营者的生产经营条件发生变化，不符合食品生产经营要求的，食品生产经营者应当立即采取整改措施；有发生食品安全事故的潜在风险的，应当立即停止食品生产经营活动，并向所在地县级质量监督、工商行政管理或者食品药品监督管理部门报告；需要重新办理许可手续的，应当依法办理。

县级以上质量监督、工商行政管理、食品药品监督管理部门应当加强对食品生产经营者生产经营活动的日常监督检查；发现不符合食品生产经营要求情形的，应当责令立即纠正，并依法予以处理；不再符合生产经营许可条件的，应当依法撤销相关许可。

第二十二条 食品生产经营企业应当依照食品安全法第三十二条的规定组织职工参加食品安全知识培训，学习食品安全法律、法规、规章、标准和其他食品安全知识，并建立培训档案。

第二十三条 食品生产经营者应当依照食品安全法第三十四条的规定建立并执行从业人员健康检查制度和健康档案制度。从事接触直接入口食品工作的人员患有痢疾、伤寒、甲型病毒性肝炎、戊型病毒性肝炎等消化道传染病，以及患有活动性肺结核、化脓性或者渗出性皮肤病等有碍食品安全的疾病的，食品生产经营者应当将其调整到其他不影响食品安全的工作岗位。

食品生产经营人员依照食品安全法第三十四条第二款规定进行健康检查，其检查项目等事项应当符合所在地省、自治区、直辖市的规定。

第二十四条 食品生产经营企业应当依照食品安全法第三十六条第二款、第三十七条第一款、第三十九条第二款的规定建立进货查验记录制度、食品出厂检验记录制度，如实记录法律规定记录的事项，或者保留载有相关信息的进货或者销售票据。记录、票据的保存期限不得少于 2 年。

第二十五条 实行集中统一采购原料的集团性食品生产企业，可以由企业总部统一查验供货者的许可证和产品合格证明文件，进行进货查验记录；对无法提供合格证明文件的食品原料，应当依照食品安全标准进行检验。

第二十六条 食品生产企业应当建立并执行原料验收、生产过程安全管理、贮存管理、设备管理、不合格品管理等食品安全管理制度，不断完善食品安全保障体系，保证食品安全。

第二十七条 食品生产企业应当就下列事项制定并实施控制要求，保证出厂的食品符合食品安全标准：

（一）原料采购、原料验收、投料等原料控制；

（二）生产工序、设备、贮存、包装等生产关键环节控制；

（三）原料检验、半成品检验、成品出厂检验等检验控制；

（四）运输、交付控制。

食品生产过程中有不符合控制要求情形的，食品生产企业应当立即查明原因并采取整改措施。

第二十八条 食品生产企业除依照食品安全法第三十六条、第三十七条规定进行进货查验记录和食品出厂检验记录外，还应当如实记录食品生产过程的安全管理情况。记录的保存期限不得少于 2 年。

第二十九条 从事食品批发业务的经营企业销售食品，应当如实记录批发食品的名称、规格、数量、生产批号、保质期、购货者名称及联系方式、销售日期等内容，或者保留载有相关信息的销售票据。记录、票据的保存期限不得少于 2 年。

第三十条 国家鼓励食品生产经营者采用先进技术手段，记录食品安全法和本条例要求记录的事项。

第三十一条 餐饮服务提供者应当制定并实施原料采购控制要求，确保所购原料符合食品安全标准。

餐饮服务提供者在制作加工过程中应当检查待加工的食品及原料，发现有腐败变质或者其他感官性状异常的，不得加工或者使用。

第三十二条 餐饮服务提供企业应当定期维护食品加工、贮存、陈列等设施、设备；定期清洗、校验保温设施及冷藏、冷冻设施。

餐饮服务提供者应当按照要求对餐具、饮具进行清洗、消毒，不得使用未经清洗和消毒的餐具、饮具。

第三十三条 对依照食品安全法第五十三条规定被召回的食品，食品生产者应当进行无害化处理或者予以销毁，防止其再次流入市场。对因标签、标识或者说明书不符合食品安全标准而被召回的食品，食品生产者在采取补救措施且能保证食品安全的情况下可以继续销售；销售时应当向消费者明示补救措施。

县级以上质量监督、工商行政管理、食品药品监督管理部门应当将食品生产者召回不符合食品安全标准的食品的情况，以及食品经营者停止经营不符合食品安全标准的食品的情况，记入食品生产经营者食品安全信用档案。

第五章 食品检验

第三十四条 申请人依照食品安全法第六十条第三款规定向承担复检工作的食品检验机构（以下称复检机构）申请复检，应当说明理由。

复检机构名录由国务院认证认可监督管理、卫生行政、农业行政等部门共同公布。复检机构出具的复检结论为最终检验结论。

复检机构由复检申请人自行选择。复检机构与初检机构不得为同一机构。

第三十五条 食品生产经营者对依照食品安全法第六十条规定进行的抽样检验结论有异议申请复检，复检结论表明食品合格的，复检费用由抽样检验的部门承担；复检结论表明食品不合格的，复检费用由食品生产经营者承担。

第六章 食品进出口

第三十六条 进口食品的进口商应当持合同、发票、装箱单、提单等必要的凭证和相关批准文件，向海关报关地的出入境检验检疫机构报检。进口食品应当经出入境检验检疫机构检验合格。海关凭出入境检验检疫机构签发的通关证明放行。

第三十七条 进口尚无食品安全国家标准的食品，或者首次进口食品添加剂新品种、食品相关产品新品种，进口商应当向出入境检验检疫机构提交依照食品安全法第六十三条规定取得的许可证明文件，出入境检验检疫机构应当按照国务院卫生行政部门的要求进行检验。

第三十八条 国家出入境检验检疫部门在进口食品中发现食品安全国家标准未规定且可能危害人体健康的物质，应当按照食品安全法第十二条的规定向国务院卫生行政部门通报。

第三十九条 向我国境内出口食品的境外食品生产企业依照食品安全法第六十五条规定进行注册，其注册有效期为4年。已经注册的境外食品生产企业提供虚假材料，或者因境外食品生产企业的原因致使相关进口食品发生重大食品安全事故的，国家出入境检验检疫部门应当撤销注册，并予以公告。

第四十条 进口的食品添加剂应当有中文标签、中文说明书。标签、说明书应当符合食品安全法和我国其他有关法律、行政法规的规定以及食品安全国家标准的要求，载明食品添加剂的原产地和境内代理商的名称、地址、联系方式。食品添加剂没有中文标签、中文说明书或者标签、说明书不符合本条规定的，不得进口。

第四十一条 出入境检验检疫机构依照食品安全法第六十二条规定对进口食品实施检验，依照食品安全法第六十八条规定对出口食品实施监督、抽检，具体办法由国家出入境检验检疫部门制定。

第四十二条 国家出入境检验检疫部门应当建立信息收集网络，依照食品安全法第六十九条的规定，收集、汇总、通报下列信息：

（一）出入境检验检疫机构对进出口食品实施检验检疫发现的食品安全信息；

（二）行业协会、消费者反映的进口食品安全信息；

（三）国际组织、境外政府机构发布的食品安全信息、风险预警信息，以及境外行业协会等组织、消费者反映的食品安全信息；

（四）其他食品安全信息。

接到通报的部门必要时应当采取相应处理措施。

食品安全监督管理部门应当及时将获知的涉及进出口食品安全的信息向国家出入境检验检疫部门通报。

第七章 食品安全事故处置

第四十三条 发生食品安全事故的单位对导致或者可能导致食品安全事故的食品及原料、工具、设备等，应当立即采取封存等控制措施，并自事故发生之时起2小时内向所在地县级人民政府卫生行政部门报告。

第四十四条 调查食品安全事故，应当坚持实事求是、尊重科学的原则，及时、准确查清事故性质和原因，认定事故责任，提出整改措施。

参与食品安全事故调查的部门应当在卫生行政部门的统一组织协调下分工协作、相互配合，提高事故调查处理的工作效率。

食品安全事故的调查处理办法由国务院卫生行政部门会同国务院有关部门制定。

第四十五条 参与食品安全事故调查的部门有权向有关单位和个人了解与事故有关的情况，并要求提供相关资料和样品。

有关单位和个人应当配合食品安全事故调查处理工作，按照要求提供相关资料和样品，不得拒绝。

第四十六条 任何单位或者个人不得阻挠、干涉食品安全事故的调查处理。

第八章 监督管理

第四十七条 县级以上地方人民政府依照食品安全法第七十六条规定制定的食品安全年度监督管理计划，应当包含食品抽样检验的内容。对专供婴幼儿、老年人、病人等特定人群的主辅食品，应当重点加强抽样检验。

县级以上农业行政、质量监督、工商行政管理、食品药品监督管理部门应当按照食品安全年度监督管理计划进行抽样检验。抽样检验购买样品所需费用和检验费等，由同级财政列支。

第四十八条 县级人民政府应当统一组织、协调本级卫生行政、农业行政、质量监督、工商行政管理、食品药品监督管理部门，依法对本行政区域内的食品生产经营者进行监督管理；对发生食品安全事故风险较高的食品生产经营者，应当重点加强监督管理。

在国务院卫生行政部门公布食品安全风险警示信息，或者接到所在地省、自治区、直辖市人民政府卫生行政部门依照本条例第十条规定通报的食品安全风险监测信息后，设区的市级和县级人民政府应当立即组织本级卫生行政、农业行政、质量监督、工商行政管理、食品药品监督管理部门采取有针对性的措施，防止发生食品安全事故。

第四十九条 国务院卫生行政部门应当根据疾病信息和监督管理信息等，对发现的添加或者可能添加到食品中的非食品用化学物质和其他可能危害人体健康的物质的名录及检测方法予以公布；国务院质量监督、工商行政管理和国家食品药品监督管理部门应当采取相应的监督管理措施。

第五十条 质量监督、工商行政管理、食品药品监督管理部门在食品安全监督管理工作中可以采用国务院质量监督、工商行政管理和国家食品药品监督管理部门认定的快速检测方法对食品进行初步筛查；对初步筛查结果表明可能不符合食品安全标准的食品，应当依照食品安全法第六十条第三款的规定进行检验。初步筛查结果不得作为执法依据。

第五十一条 食品安全法第八十二条第二款规定的食品安全日常监督管理信息包括：

（一）依照食品安全法实施行政许可的情况；

（二）责令停止生产经营的食品、食品添加剂、食品相关产品的名录；

（三）查处食品生产经营违法行为的情况；

（四）专项检查整治工作情况；

（五）法律、行政法规规定的其他食品安全日常监督管理信息。

前款规定的信息涉及两个以上食品安全监督管理部门职责的，由相关部门联合公布。

第五十二条 食品安全监督管理部门依照食品安全法第八十二条规定公布信息，应当同时对有关食品可能产生的危害进行解释、说明。

第五十三条 卫生行政、农业行政、质量监督、工商行政管理、食品药品监督管理等部门应当公布本单位的电子邮件地址或者电话，接受咨询、投诉、举报；对接到的咨询、投诉、举报，应当依照食品安全法第八十条的规定进行答复、核实、处理，并对咨询、投诉、举报和答复、核实、处理的情况予以记录、保存。

第五十四条 国务院工业和信息化、商务等部门依据职责制定食品行业的发展规划和产业政策，采取措施推进产业结构优化，加强对食品行业诚信体系建设的指导，促进食品行业健康发展。

第九章 法律责任

第五十五条 食品生产经营者的生产经营条件发生变化，未依照本条例第二十一条规定处理的，由有关主管部门责令改正，给予警告；造成严重后果的，依照食品安全法第八十五条的规定给予处罚。

第五十六条 餐饮服务提供者未依照本条例第三十一条第一款规定制定、实施原料采购控制要求的，依照食品安全法第八十六条的规定给予处罚。

餐饮服务提供者未依照本条例第三十一条第二款规定检查待加工的食品及原料，或者发现有腐败变质或者其他感官性状异常仍加工、使用的，依照食品安全法第八十五条的规定给予处罚。

第五十七条 有下列情形之一的，依照食品安全法第八十七条的规定给予处罚：

（一）食品生产企业未依照本条例第二十六条规定建立、执行食品安全管理制度的；

（二）食品生产企业未依照本条例第二十七条规定制定、实施生产过程控制要求，或者食品生产过程中有不符合控制要求的情形未依照规定采取整改措施的；

（三）食品生产企业未依照本条例第二十八条规定记录食品生产过程的安全管理情况并保存相关记录的；

（四）从事食品批发业务的经营企业未依照本条例第二十九条规定记录、保存销售信息或者保留销售票据的；

（五）餐饮服务提供企业未依照本条例第三十二条第一款规定定期维护、清洗、校验设施、设备的；

（六）餐饮服务提供者未依照本条例第三十二条第二款规定对餐具、饮具进行清洗、消毒，或者使用未经清洗和消毒的餐具、饮具的。

第五十八条 进口不符合本条例第四十条规定的食品添加剂的，由出入境检验检疫机构没收违法进口的食品添加剂；违法进口的食品添加剂货值金额不足 1 万元的，并处 2 000 元以上 5 万元以下罚款；货值金额 1 万元以上的，并处货值金额 2 倍以上 5 倍以下罚款。

第五十九条 医疗机构未依照本条例第八条规定报告有关疾病信息的，由卫生行政部门责令改正，给予警告。

第六十条 发生食品安全事故的单位未依照本条例第四十三条规定采取措施并报告的，依照食品安全法第八十八条的规定给予处罚。

第六十一条 县级以上地方人民政府不履行食品安全监督管理法定职责，本行政区域出现重大食品安全事故、造成严重社会影响的，依法对直接负责的主管人员和其他直接责任人员给予记大过、降级、撤职或者开除的处分。

县级以上卫生行政、农业行政、质量监督、工商行政管理、食品药品监督管理部门或者其他有关行政部门不履行食品安全监督管理法定职责、日常监督检查不到位或者滥用职权、玩忽职守、徇私舞弊的，依法对直接负责的主管人员和其他直接责任人员给予记大过或者降级的处分；造成严重后果的，给予撤职或者开除的处分；其主要负责人应当引咎辞职。

第十章 附 则

第六十二条 本条例下列用语的含义：

食品安全风险评估，指对食品、食品添加剂中生物性、化学性和物理性危害对人体健康可能造成的不良影响所进行的科学评估，包括危害识别、危害特征描述、暴露评估、风险特征描述等。

餐饮服务，指通过即时制作加工、商业销售和服务性劳动等，向消费者提供食品和消费场所及设施的服务活动。

第六十三条 食用农产品质量安全风险监测和风险评估由县级以上人民政府农业行政部门依照《中华人民共和国农产品质量安全法》的规定进行。

国境口岸食品的监督管理由出入境检验检疫机构依照食品安全法和本条例以及有

关法律、行政法规的规定实施。

　　食品药品监督管理部门对声称具有特定保健功能的食品实行严格监管，具体办法由国务院另行制定。

　　第六十四条　本条例自公布之日起施行。

中华人民共和国主席令

第四十九号

《中华人民共和国农产品质量安全法》已由中华人民共和国第十届全国人民代表大会常务委员会第二十一次会议于 2006 年 4 月 29 日通过，现予公布，自 2006 年 11 月 1 日起施行。

中华人民共和国主席　胡锦涛

2006 年 4 月 29 日

中华人民共和国农产品质量安全法

(2006 年 4 月 29 日第十届全国人民代表大会常务委员会第二十一次会议通过)

目　　录

第一章 总 则

第一条 为保障农产品质量安全，维护公众健康，促进农业和农村经济发展，制定本法。

第二条 本法所称农产品，是指来源于农业的初级产品，即在农业活动中获得的植物、动物、微生物及其产品。

本法所称农产品质量安全，是指农产品质量符合保障人的健康、安全的要求。

第三条 县级以上人民政府农业行政主管部门负责农产品质量安全的监督管理工作；县级以上人民政府有关部门按照职责分工，负责农产品质量安全的有关工作。

第四条 县级以上人民政府应当将农产品质量安全管理工作纳入本级国民经济和社会发展规划，并安排农产品质量安全经费，用于开展农产品质量安全工作。

第五条 县级以上地方人民政府统一领导、协调本行政区域内的农产品质量安全工作，并采取措施，建立健全农产品质量安全服务体系，提高农产品质量安全水平。

第六条 国务院农业行政主管部门应当设立由有关方面专家组成的农产品质量安全风险评估专家委员会，对可能影响农产品质量安全的潜在危害进行风险分析和评估。

国务院农业行政主管部门应当根据农产品质量安全风险评估结果采取相应的管理措施，并将农产品质量安全风险评估结果及时通报国务院有关部门。

第七条 国务院农业行政主管部门和省、自治区、直辖市人民政府农业行政主管部门应当按照职责权限，发布有关农产品质量安全状况信息。

第八条 国家引导、推广农产品标准化生产，鼓励和支持生产优质农产品，禁止生产、销售不符合国家规定的农产品质量安全标准的农产品。

第九条 国家支持农产品质量安全科学技术研究，推行科学的质量安全管理方法，推广先进安全的生产技术。

第十条 各级人民政府及有关部门应当加强农产品质量安全知识的宣传，提高公众的农产品质量安全意识，引导农产品生产者、销售者加强质量安全管理，保障农产品消费安全。

第二章 农产品质量安全标准

第十一条 国家建立健全农产品质量安全标准体系。农产品质量安全标准是强制性的技术规范。

农产品质量安全标准的制定和发布，依照有关法律、行政法规的规定执行。

第十二条　制定农产品质量安全标准应当充分考虑农产品质量安全风险评估结果，并听取农产品生产者、销售者和消费者的意见，保障消费安全。

第十三条　农产品质量安全标准应当根据科学技术发展水平以及农产品质量安全的需要，及时修订。

第十四条　农产品质量安全标准由农业行政主管部门商有关部门组织实施。

第三章　农产品产地

第十五条　县级以上地方人民政府农业行政主管部门按照保障农产品质量安全的要求，根据农产品品种特性和生产区域大气、土壤、水体中有毒有害物质状况等因素，认为不适宜特定农产品生产的，提出禁止生产的区域，报本级人民政府批准后公布。具体办法由国务院农业行政主管部门商国务院环境保护行政主管部门制定。

农产品禁止生产区域的调整，依照前款规定的程序办理。

第十六条　县级以上人民政府应当采取措施，加强农产品基地建设，改善农产品的生产条件。

县级以上人民政府农业行政主管部门应当采取措施，推进保障农产品质量安全的标准化生产综合示范区、示范农场、养殖小区和无规定动植物疫病区的建设。

第十七条　禁止在有毒有害物质超过规定标准的区域生产、捕捞、采集食用农产品和建立农产品生产基地。

第十八条　禁止违反法律、法规的规定向农产品产地排放或者倾倒废水、废气、固体废物或者其他有毒有害物质。

农业生产用水和用作肥料的固体废物，应当符合国家规定的标准。

第十九条　农产品生产者应当合理使用化肥、农药、兽药、农用薄膜等化工产品，防止对农产品产地造成污染。

第四章　农产品生产

第二十条　国务院农业行政主管部门和省、自治区、直辖市人民政府农业行政主管部门应当制定保障农产品质量安全的生产技术要求和操作规程。县级以上人民政府农业行政主管部门应当加强对农产品生产的指导。

第二十一条　对可能影响农产品质量安全的农药、兽药、饲料和饲料添加剂、肥料、兽医器械，依照有关法律、行政法规的规定实行许可制度。

国务院农业行政主管部门和省、自治区、直辖市人民政府农业行政主管部门应当定期对可能危及农产品质量安全的农药、兽药、饲料和饲料添加剂、肥料等农业投入品进行监督抽查，并公布抽查结果。

第二十二条 县级以上人民政府农业行政主管部门应当加强对农业投入品使用的管理和指导，建立健全农业投入品的安全使用制度。

第二十三条 农业科研教育机构和农业技术推广机构应当加强对农产品生产者质量安全知识和技能的培训。

第二十四条 农产品生产企业和农民专业合作经济组织应当建立农产品生产记录，如实记载下列事项：

（一）使用农业投入品的名称、来源、用法、用量和使用、停用的日期；

（二）动物疫病、植物病虫草害的发生和防治情况；

（三）收获、屠宰或者捕捞的日期。

农产品生产记录应当保存二年。禁止伪造农产品生产记录。

国家鼓励其他农产品生产者建立农产品生产记录。

第二十五条 农产品生产者应当按照法律、行政法规和国务院农业行政主管部门的规定，合理使用农业投入品，严格执行农业投入品使用安全间隔期或者休药期的规定，防止危及农产品质量安全。

禁止在农产品生产过程中使用国家明令禁止使用的农业投入品。

第二十六条 农产品生产企业和农民专业合作经济组织，应当自行或者委托检测机构对农产品质量安全状况进行检测；经检测不符合农产品质量安全标准的农产品，不得销售。

第二十七条 农民专业合作经济组织和农产品行业协会对其成员应当及时提供生产技术服务，建立农产品质量安全管理制度，健全农产品质量安全控制体系，加强自律管理。

第五章 农产品包装和标识

第二十八条 农产品生产企业、农民专业合作经济组织以及从事农产品收购的单位或者个人销售的农产品，按照规定应当包装或者附加标识的，须经包装或者附加标识后方可销售。包装物或者标识上应当按照规定标明产品的品名、产地、生产者、生产日期、保质期、产品质量等级等内容；使用添加剂的，还应当按照规定标明添加剂的名称。具体办法由国务院农业行政主管部门制定。

第二十九条 农产品在包装、保鲜、贮存、运输中所使用的保鲜剂、防腐剂、添加剂等材料，应当符合国家有关强制性的技术规范。

第三十条 属于农业转基因生物的农产品，应当按照农业转基因生物安全管理的有关规定进行标识。

第三十一条 依法需要实施检疫的动植物及其产品，应当附具检疫合格标志、检疫合格证明。

第三十二条 销售的农产品必须符合农产品质量安全标准，生产者可以申请使用无公害农产品标志。农产品质量符合国家规定的有关优质农产品标准的，生产者可以申请使用相应的农产品质量标志。

禁止冒用前款规定的农产品质量标志。

第六章 监督检查

第三十三条 有下列情形之一的农产品，不得销售：

（一）含有国家禁止使用的农药、兽药或者其他化学物质的；

（二）农药、兽药等化学物质残留或者含有的重金属等有毒有害物质不符合农产品质量安全标准的；

（三）含有的致病性寄生虫、微生物或者生物毒素不符合农产品质量安全标准的；

（四）使用的保鲜剂、防腐剂、添加剂等材料不符合国家有关强制性的技术规范的；

（五）其他不符合农产品质量安全标准的。

第三十四条 国家建立农产品质量安全监测制度。县级以上人民政府农业行政主管部门应当按照保障农产品质量安全的要求，制定并组织实施农产品质量安全监测计划，对生产中或者市场上销售的农产品进行监督抽查。监督抽查结果由国务院农业行政主管部门或者省、自治区、直辖市人民政府农业行政主管部门按照权限予以公布。

监督抽查检测应当委托符合本法第三十五条规定条件的农产品质量安全检测机构进行，不得向被抽查人收取费用，抽取的样品不得超过国务院农业行政主管部门规定的数量。上级农业行政主管部门监督抽查的农产品，下级农业行政主管部门不得另行重复抽查。

第三十五条 农产品质量安全检测应当充分利用现有的符合条件的检测机构。

从事农产品质量安全检测的机构，必须具备相应的检测条件和能力，由省级以上人民政府农业行政主管部门或者其授权的部门考核合格。具体办法由国务院农业行政主管部门制定。

农产品质量安全检测机构应当依法经计量认证合格。

第三十六条　农产品生产者、销售者对监督抽查检测结果有异议的，可以自收到检测结果之日起五日内，向组织实施农产品质量安全监督抽查的农业行政主管部门或者其上级农业行政主管部门申请复检。

采用国务院农业行政主管部门会同有关部门认定的快速检测方法进行农产品质量安全监督抽查检测，被抽查人对检测结果有异议的，可以自收到检测结果时起四小时内申请复检。复检不得采用快速检测方法。

因检测结果错误给当事人造成损害的，依法承担赔偿责任。

第三十七条　农产品批发市场应当设立或者委托农产品质量安全检测机构，对进场销售的农产品质量安全状况进行抽查检测；发现不符合农产品质量安全标准的，应当要求销售者立即停止销售，并向农业行政主管部门报告。

农产品销售企业对其销售的农产品，应当建立健全进货检查验收制度；经查验不符合农产品质量安全标准的，不得销售。

第三十八条　国家鼓励单位和个人对农产品质量安全进行社会监督。任何单位和个人都有权对违反本法的行为进行检举、揭发和控告。有关部门收到相关的检举、揭发和控告后，应当及时处理。

第三十九条　县级以上人民政府农业行政主管部门在农产品质量安全监督检查中，可以对生产、销售的农产品进行现场检查，调查了解农产品质量安全的有关情况，查阅、复制与农产品质量安全有关的记录和其他资料；对经检测不符合农产品质量安全标准的农产品，有权查封、扣押。

第四十条　发生农产品质量安全事故时，有关单位和个人应当采取控制措施，及时向所在地乡级人民政府和县级人民政府农业行政主管部门报告；收到报告的机关应当及时处理并报上一级人民政府和有关部门。发生重大农产品质量安全事故时，农业行政主管部门应当及时通报同级食品药品监督管理部门。

第四十一条　县级以上人民政府农业行政主管部门在农产品质量安全监督管理中，发现有本法第三十三条所列情形之一的农产品，应当按照农产品质量安全责任追究制度的要求，查明责任人，依法予以处理或者提出处理建议。

第四十二条　进口的农产品必须按照国家规定的农产品质量安全标准进行检验；尚未制定有关农产品质量安全标准的，应当依法及时制定，未制定之前，可以参照国家有关部门指定的国外有关标准进行检验。

第七章 法律责任

第四十三条 农产品质量安全监督管理人员不依法履行监督职责，或者滥用职权的，依法给予行政处分。

第四十四条 农产品质量安全检测机构伪造检测结果的，责令改正，没收违法所得，并处五万元以上十万元以下罚款，对直接负责的主管人员和其他直接责任人员处一万元以上五万元以下罚款；情节严重的，撤销其检测资格；造成损害的，依法承担赔偿责任。

农产品质量安全检测机构出具检测结果不实，造成损害的，依法承担赔偿责任；造成重大损害的，并撤销其检测资格。

第四十五条 违反法律、法规规定，向农产品产地排放或者倾倒废水、废气、固体废物或者其他有毒有害物质的，依照有关环境保护法律、法规的规定处罚；造成损害的，依法承担赔偿责任。

第四十六条 使用农业投入品违反法律、行政法规和国务院农业行政主管部门的规定的，依照有关法律、行政法规的规定处罚。

第四十七条 农产品生产企业、农民专业合作经济组织未建立或者未按照规定保存农产品生产记录的，或者伪造农产品生产记录的，责令限期改正；逾期不改正的，可以处二千元以下罚款。

第四十八条 违反本法第二十八条规定，销售的农产品未按照规定进行包装、标识的，责令限期改正；逾期不改正的，可以处二千元以下罚款。

第四十九条 有本法第三十三条第四项规定情形，使用的保鲜剂、防腐剂、添加剂等材料不符合国家有关强制性的技术规范的，责令停止销售，对被污染的农产品进行无害化处理，对不能进行无害化处理的予以监督销毁；没收违法所得，并处二千元以上二万元以下罚款。

第五十条 农产品生产企业、农民专业合作经济组织销售的农产品有本法第三十三条第一项至第三项或者第五项所列情形之一的，责令停止销售，追回已经销售的农产品，对违法销售的农产品进行无害化处理或者予以监督销毁；没收违法所得，并处二千元以上二万元以下罚款。

农产品销售企业销售的农产品有前款所列情形的，依照前款规定处理、处罚。

农产品批发市场中销售的农产品有第一款所列情形的，对违法销售的农产品依照第一款规定处理，对农产品销售者依照第一款规定处罚。

农产品批发市场违反本法第三十七条第一款规定的，责令改正，处二千元以上二万元以下罚款。

第五十一条 违反本法第三十二条规定，冒用农产品质量标志的，责令改正，没收违法所得，并处二千元以上二万元以下罚款。

第五十二条 本法第四十四条、第四十七条至第四十九条、第五十条第一款、第四款和第五十一条规定的处理、处罚，由县级以上人民政府农业行政主管部门决定；第五十条第二款、第三款规定的处理、处罚，由工商行政管理部门决定。

法律对行政处罚及处罚机关有其他规定的，从其规定。但是，对同一违法行为不得重复处罚。

第五十三条 违反本法规定，构成犯罪的，依法追究刑事责任。

第五十四条 生产、销售本法第三十三条所列农产品，给消费者造成损害的，依法承担赔偿责任。

农产品批发市场中销售的农产品有前款规定情形的，消费者可以向农产品批发市场要求赔偿；属于生产者、销售者责任的，农产品批发市场有权追偿。消费者也可以直接向农产品生产者、销售者要求赔偿。

第八章　附　则

第五十五条 生猪屠宰的管理按照国家有关规定执行。

第五十六条 本法自 2006 年 11 月 1 日起施行。

中华人民共和国商标法

（1982 年 8 月 23 日第五届全国人民代表大会常务委员会第二十四次会议通过

根据 1993 年 2 月 22 日第七届全国人民代表大会常务委员会第三十次会议

《关于修改〈中华人民共和国商标法〉的决定》第一次修正

根据 2001 年 10 月 27 日第九届全国人民代表大会常务委员会第二十四次会议

《关于修改〈中华人民共和国商标法〉的决定》第二次修正

根据 2013 年 8 月 30 日第十二届全国人民代表大会常务委员会第四次会议

《关于修改〈中华人民共和国商标法〉的决定》第三次修正

自 2014 年 5 月 1 日起施行）

目　　录

第一章　总　则

第一条　为了加强商标管理，保护商标专用权，促使生产、经营者保证商品和服务质量，维护商标信誉，以保障消费者和生产、经营者的利益，促进社会主义市场经济的发展，特制定本法。

第二条　国务院工商行政管理部门商标局主管全国商标注册和管理的工作。

国务院工商行政管理部门设立商标评审委员会，负责处理商标争议事宜。

第三条　经商标局核准注册的商标为注册商标，包括商品商标、服务商标和集体商标、证明商标；商标注册人享有商标专用权，受法律保护。

本法所称集体商标，是指以团体、协会或者其他组织名义注册，供该组织成员在商事活动中使用，以表明使用者在该组织中的成员资格的标志。

本法所称证明商标，是指由对某种商品或者服务具有监督能力的组织所控制，而由该组织以外的单位或者个人使用于其商品或者服务，用以证明该商品或者服务的原产地、原料、制造方法、质量或者其他特定品质的标志。

集体商标、证明商标注册和管理的特殊事项，由国务院工商行政管理部门规定。

第四条 自然人、法人或者其他组织在生产经营活动中，对其商品或者服务需要取得商标专用权的，应当向商标局申请商标注册。

本法有关商品商标的规定，适用于服务商标。

第五条 两个以上的自然人、法人或者其他组织可以共同向商标局申请注册同一商标，共同享有和行使该商标专用权。

第六条 法律、行政法规规定必须使用注册商标的商品，必须申请商标注册，未经核准注册的，不得在市场销售。

第七条 申请注册和使用商标，应当遵循诚实信用原则。

商标使用人应当对其使用商标的商品质量负责。各级工商行政管理部门应当通过商标管理，制止欺骗消费者的行为。

第八条 任何能够将自然人、法人或者其他组织的商品与他人的商品区别开的标志，包括文字、图形、字母、数字、三维标志、颜色组合和声音等，以及上述要素的组合，均可以作为商标申请注册。

第九条 申请注册的商标，应当有显著特征，便于识别，并不得与他人在先取得的合法权利相冲突。

商标注册人有权标明"注册商标"或者注册标记。

第十条 下列标志不得作为商标使用：

（一）同中华人民共和国的国家名称、国旗、国徽、国歌、军旗、军徽、军歌、勋章等相同或者近似的，以及同中央国家机关的名称、标志、所在地特定地点的名称或者标志性建筑物的名称、图形相同的；

（二）同外国的国家名称、国旗、国徽、军旗等相同或者近似的，但经该国政府同意的除外；

（三）同政府间国际组织的名称、旗帜、徽记等相同或者近似的，但经该组织同意或者不易误导公众的除外；

（四）与表明实施控制、予以保证的官方标志、检验印记相同或者近似的，但经授权的除外；

（五）同"红十字""红新月"的名称、标志相同或者近似的；

（六）带有民族歧视性的；

（七）带有欺骗性，容易使公众对商品的质量等特点或者产地产生误认的；

（八）有害于社会主义道德风尚或者有其他不良影响的。

县级以上行政区划的地名或者公众知晓的外国地名，不得作为商标。但是，地名具有其他含义或者作为集体商标、证明商标组成部分的除外；已经注册的使用地名的商标继续有效。

第十一条 下列标志不得作为商标注册：

（一）仅有本商品的通用名称、图形、型号的；

（二）仅直接表示商品的质量、主要原料、功能、用途、重量、数量及其他特点的；

（三）其他缺乏显著特征的。

前款所列标志经过使用取得显著特征，并便于识别的，可以作为商标注册。

第十二条 以三维标志申请注册商标的，仅由商品自身的性质产生的形状、为获得技术效果而需有的商品形状或者使商品具有实质性价值的形状，不得注册。

第十三条 为相关公众所熟知的商标，持有人认为其权利受到侵害时，可以依照本法规定请求驰名商标保护。

就相同或者类似商品申请注册的商标是复制、摹仿或者翻译他人未在中国注册的驰名商标，容易导致混淆的，不予注册并禁止使用。

就不相同或者不相类似商品申请注册的商标是复制、摹仿或者翻译他人已经在中国注册的驰名商标，误导公众，致使该驰名商标注册人的利益可能受到损害的，不予注册并禁止使用。

第十四条 驰名商标应当根据当事人的请求，作为处理涉及商标案件需要认定的事实进行认定。认定驰名商标应当考虑下列因素：

（一）相关公众对该商标的知晓程度；

（二）该商标使用的持续时间；

（三）该商标的任何宣传工作的持续时间、程度和地理范围；

（四）该商标作为驰名商标受保护的记录；

（五）该商标驰名的其他因素。

在商标注册审查、工商行政管理部门查处商标违法案件过程中，当事人依照本法第十三条规定主张权利的，商标局根据审查、处理案件的需要，可以对商标驰名情况作出认定。

在商标争议处理过程中，当事人依照本法第十三条规定主张权利的，商标评审委员会根据处理案件的需要，可以对商标驰名情况作出认定。

在商标民事、行政案件审理过程中，当事人依照本法第十三条规定主张权利的，最高人民法院指定的人民法院根据审理案件的需要，可以对商标驰名情况作出认定。

生产、经营者不得将驰名商标字样用于商品、商品包装或者容器上，或者用于广告宣传、展览以及其他商业活动中。

第十五条　未经授权，代理人或者代表人以自己的名义将被代理人或者被代表人的商标进行注册，被代理人或者被代表人提出异议的，不予注册并禁止使用。

就同一种商品或者类似商品申请注册的商标与他人在先使用的未注册商标相同或者近似，申请人与该他人具有前款规定以外的合同、业务往来关系或者其他关系而明知该他人商标存在，该他人提出异议的，不予注册。

第十六条　商标中有商品的地理标志，而该商品并非来源于该标志所标示的地区，误导公众的，不予注册并禁止使用；但是，已经善意取得注册的继续有效。

前款所称地理标志，是指标示某商品来源于某地区，该商品的特定质量、信誉或者其他特征，主要由该地区的自然因素或者人文因素所决定的标志。

第十七条　外国人或者外国企业在中国申请商标注册的，应当按其所属国和中华人民共和国签订的协议或者共同参加的国际条约办理，或者按对等原则办理。

第十八条　申请商标注册或者办理其他商标事宜，可以自行办理，也可以委托依法设立的商标代理机构办理。

外国人或者外国企业在中国申请商标注册和办理其他商标事宜的，应当委托依法设立的商标代理机构办理。

第二章　商标注册的申请

第十九条　商标代理机构应当遵循诚实信用原则，遵守法律、行政法规，按照被代理人的委托办理商标注册申请或者其他商标事宜；对在代理过程中知悉的被代理人的商业秘密，负有保密义务。

委托人申请注册的商标可能存在本法规定不得注册情形的，商标代理机构应当明确告知委托人。

商标代理机构知道或者应当知道委托人申请注册的商标属于本法第十五条和第三十二条规定情形的，不得接受其委托。

商标代理机构除对其代理服务申请商标注册外，不得申请注册其他商标。

第二十条 商标代理行业组织应当按照章程规定，严格执行吸纳会员的条件，对违反行业自律规范的会员实行惩戒。商标代理行业组织对其吸纳的会员和对会员的惩戒情况，应当及时向社会公布。

第二十一条 商标国际注册遵循中华人民共和国缔结或者参加的有关国际条约确立的制度，具体办法由国务院规定。

第二十二条 商标注册申请人应当按规定的商品分类表填报使用商标的商品类别和商品名称，提出注册申请。

商标注册申请人可以通过一份申请就多个类别的商品申请注册同一商标。

商标注册申请等有关文件，可以以书面方式或者数据电文方式提出。

第二十三条 注册商标需要在核定使用范围之外的商品上取得商标专用权的，应当另行提出注册申请。

第二十四条 注册商标需要改变其标志的，应当重新提出注册申请。

第二十五条 商标注册申请人自其商标在外国第一次提出商标注册申请之日起六个月内，又在中国就相同商品以同一商标提出商标注册申请的，依照该外国同中国签订的协议或者共同参加的国际条约，或者按照相互承认优先权的原则，可以享有优先权。

依照前款要求优先权的，应当在提出商标注册申请的时候提出书面声明，并且在三个月内提交第一次提出的商标注册申请文件的副本；未提出书面声明或者逾期未提交商标注册申请文件副本的，视为未要求优先权。

第二十六条 商标在中国政府主办的或者承认的国际展览会展出的商品上首次使用的，自该商品展出之日起六个月内，该商标的注册申请人可以享有优先权。

依照前款要求优先权的，应当在提出商标注册申请的时候提出书面声明，并且在三个月内提交展出其商品的展览会名称、在展出商品上使用该商标的证据、展出日期等证明文件；未提出书面声明或者逾期未提交证明文件的，视为未要求优先权。

第二十七条 为申请商标注册所申报的事项和所提供的材料应当真实、准确、完整。

第三章　商标注册的审查和核准

第二十八条 对申请注册的商标，商标局应当自收到商标注册申请文件之日起九个月内审查完毕，符合本法有关规定的，予以初步审定公告。

第二十九条 在审查过程中，商标局认为商标注册申请内容需要说明或者修正的，可以要求申请人做出说明或者修正。申请人未做出说明或者修正的，不影响商标局做出审查决定。

第三十条 申请注册的商标，凡不符合本法有关规定或者同他人在同一种商品或者类似商品上已经注册的或者初步审定的商标相同或者近似的，由商标局驳回申请，不予公告。

第三十一条 两个或者两个以上的商标注册申请人，在同一种商品或者类似商品上，以相同或者近似的商标申请注册的，初步审定并公告申请在先的商标；同一天申请的，初步审定并公告使用在先的商标，驳回其他人的申请，不予公告。

第三十二条 申请商标注册不得损害他人现有的在先权利，也不得以不正当手段抢先注册他人已经使用并有一定影响的商标。

第三十三条 对初步审定公告的商标，自公告之日起三个月内，在先权利人、利害关系人认为违反本法第十三条第二款和第三款、第十五条、第十六条第一款、第三十条、第三十一条、第三十二条规定的，或者任何人认为违反本法第十条、第十一条、第十二条规定的，可以向商标局提出异议。公告期满无异议的，予以核准注册，发给商标注册证，并予公告。

第三十四条 对驳回申请、不予公告的商标，商标局应当书面通知商标注册申请人。商标注册申请人不服的，可以自收到通知之日起十五日内向商标评审委员会申请复审。商标评审委员会应当自收到申请之日起九个月内做出决定，并书面通知申请人。有特殊情况需要延长的，经国务院工商行政管理部门批准，可以延长三个月。当事人对商标评审委员会的决定不服的，可以自收到通知之日起三十日内向人民法院起诉。

第三十五条 对初步审定公告的商标提出异议的，商标局应当听取异议人和被异议人陈述事实和理由，经调查核实后，自公告期满之日起十二个月内做出是否准予注册的决定，并书面通知异议人和被异议人。有特殊情况需要延长的，经国务院工商行政管理部门批准，可以延长六个月。

商标局做出准予注册决定的，发给商标注册证，并予公告。异议人不服的，可以依照本法第四十四条、第四十五条的规定向商标评审委员会请求宣告该注册商标无效。

商标局做出不予注册决定，被异议人不服的，可以自收到通知之日起十五日内向商标评审委员会申请复审。商标评审委员会应当自收到申请之日起十二个月内做出复审决定，并书面通知异议人和被异议人。有特殊情况需要延长的，经国务院工商行政管理部门批准，可以延长六个月。被异议人对商标评审委员会的决定不服的，可以自收到通知之日起三十日内向人民法院起诉。人民法院应当通知异议人作为第三人参加诉讼。

商标评审委员会在依照前款规定进行复审的过程中，所涉及的在先权利的确定必须以人民法院正在审理或者行政机关正在处理的另一案件的结果为依据的，可以中止审查。中止原因消除后，应当恢复审查程序。

第三十六条 法定期限届满，当事人对商标局做出的驳回申请决定、不予注册决定不申请复审或者对商标评审委员会做出的复审决定不向人民法院起诉的，驳回申请决定、不予注册决定或者复审决定生效。

经审查异议不成立而准予注册的商标，商标注册申请人取得商标专用权的时间自初步审定公告三个月期满之日起计算。自该商标公告期满之日起至准予注册决定做出前，对他人在同一种或者类似商品上使用与该商标相同或者近似的标志的行为不具有追溯力；但是，因该使用人的恶意给商标注册人造成的损失，应当给予赔偿。

第三十七条 对商标注册申请和商标复审申请应当及时进行审查。

第三十八条 商标注册申请人或者注册人发现商标申请文件或者注册文件有明显错误的，可以申请更正。商标局依法在其职权范围内作出更正，并通知当事人。

前款所称更正错误不涉及商标申请文件或者注册文件的实质性内容。

第四章　注册商标的续展、变更、转让和使用许可

第三十九条 注册商标的有效期为十年，自核准注册之日起计算。

第四十条 注册商标有效期满，需要继续使用的，商标注册人应当在期满前十二个月内按照规定办理续展手续；在此期间未能办理的，可以给予六个月的宽展期。每次续展注册的有效期为十年，自该商标上一届有效期满次日起计算。期满未办理续展手续的，注销其注册商标。

商标局应当对续展注册的商标予以公告。

第四十一条 注册商标需要变更注册人的名义、地址或者其他注册事项的，应当提出变更申请。

第四十二条 转让注册商标的，转让人和受让人应当签订转让协议，并共同向商标局提出申请。受让人应当保证使用该注册商标的商品质量。

转让注册商标的，商标注册人对其在同一种商品上注册的近似的商标，或者在类似商品上注册的相同或者近似的商标，应当一并转让。

对容易导致混淆或者有其他不良影响的转让，商标局不予核准，书面通知申请人并说明理由。

转让注册商标经核准后，予以公告。受让人自公告之日起享有商标专用权。

第四十三条 商标注册人可以通过签订商标使用许可合同，许可他人使用其注册商标。许可人应当监督被许可人使用其注册商标的商品质量。被许可人应当保证使用该注册商标的商品质量。

经许可使用他人注册商标的，必须在使用该注册商标的商品上标明被许可人的名称和商品产地。

许可他人使用其注册商标的，许可人应当将其商标使用许可报商标局备案，由商标局公告。商标使用许可未经备案不得对抗善意第三人。

第五章 注册商标的无效宣告

第四十四条 已经注册的商标，违反本法第十条、第十一条、第十二条规定的，或者是以欺骗手段或者其他不正当手段取得注册的，由商标局宣告该注册商标无效；其他单位或者个人可以请求商标评审委员会宣告该注册商标无效。

商标局做出宣告注册商标无效的决定，应当书面通知当事人。当事人对商标局的决定不服的，可以自收到通知之日起十五日内向商标评审委员会申请复审。商标评审委员会应当自收到申请之日起九个月内做出决定，并书面通知当事人。有特殊情况需要延长的，经国务院工商行政管理部门批准，可以延长三个月。当事人对商标评审委员会的决定不服的，可以自收到通知之日起三十日内向人民法院起诉。

其他单位或者个人请求商标评审委员会宣告注册商标无效的，商标评审委员会收到申请后，应当书面通知有关当事人，并限期提出答辩。商标评审委员会应当自收到申请之日起九个月内做出维持注册商标或者宣告注册商标无效的裁定，并书面通知当事人。有特殊情况需要延长的，经国务院工商行政管理部门批准，可以延长三个月。当事人对商标评审委员会的裁定不服的，可以自收到通知之日起三十日内向人民法院起诉。人民法院应当通知商标裁定程序的对方当事人作为第三人参加诉讼。

第四十五条 已经注册的商标，违反本法第十三条第二款和第三款、第十五条、第十六条第一款、第三十条、第三十一条、第三十二条规定的，自商标注册之日起五年内，在先权利人或者利害关系人可以请求商标评审委员会宣告该注册商标无效。对恶意注册的，驰名商标所有人不受五年的时间限制。

商标评审委员会收到宣告注册商标无效的申请后，应当书面通知有关当事人，并限期提出答辩。商标评审委员会应当自收到申请之日起十二个月内做出维持注册商标或者宣告注册商标无效的裁定，并书面通知当事人。有特殊情况需要延长的，经国务院工商行政管理部门批准，可以延长六个月。当事人对商标评审委员会的裁定不服的，可以自收到通知之日起三十日内向人民法院起诉。人民法院应当通知商标裁定程序的对方当事人作为第三人参加诉讼。

商标评审委员会在依照前款规定对无效宣告请求进行审查的过程中，所涉及的在先权利的确定必须以人民法院正在审理或者行政机关正在处理的另一案件的结果为依据的，可以中止审查。中止原因消除后，应当恢复审查程序。

第四十六条　法定期限届满，当事人对商标局宣告注册商标无效的决定不申请复审或者对商标评审委员会的复审决定、维持注册商标或者宣告注册商标无效的裁定不向人民法院起诉的，商标局的决定或者商标评审委员会的复审决定、裁定生效。

第四十七条　依照本法第四十四条、第四十五条的规定宣告无效的注册商标，由商标局予以公告，该注册商标专用权视为自始即不存在。

宣告注册商标无效的决定或者裁定，对宣告无效前人民法院做出并已执行的商标侵权案件的判决、裁定、调解书和工商行政管理部门做出并已执行的商标侵权案件的处理决定以及已经履行的商标转让或者使用许可合同不具有追溯力。但是，因商标注册人的恶意给他人造成的损失，应当给予赔偿。

依照前款规定不返还商标侵权赔偿金、商标转让费、商标使用费，明显违反公平原则的，应当全部或者部分返还。

第六章　商标使用的管理

第四十八条　本法所称商标的使用，是指将商标用于商品、商品包装或者容器以及商品交易文书上，或者将商标用于广告宣传、展览以及其他商业活动中，用于识别商品来源的行为。

第四十九条　商标注册人在使用注册商标的过程中，自行改变注册商标、注册人名义、地址或者其他注册事项的，由地方工商行政管理部门责令限期改正；期满不改正的，由商标局撤销其注册商标。

注册商标成为其核定使用的商品的通用名称或者没有正当理由连续三年不使用的，任何单位或者个人可以向商标局申请撤销该注册商标。商标局应当自收到申请之日起九个月内做出决定。有特殊情况需要延长的，经国务院工商行政管理部门批准，可以延长三个月。

第五十条　注册商标被撤销、被宣告无效或者期满不再续展的，自撤销、宣告无效或者注销之日起一年内，商标局对与该商标相同或者近似的商标注册申请，不予核准。

第五十一条　违反本法第六条规定的，由地方工商行政管理部门责令限期申请注册，违法经营额五万元以上的，可以处违法经营额百分之二十以下的罚款，没有违法经营额或者违法经营额不足五万元的，可以处一万元以下的罚款。

第五十二条　将未注册商标冒充注册商标使用的，或者使用未注册商标违反本法第十条规定的，由地方工商行政管理部门予以制止，限期改正，并可以予以通报，违法经营额五万元以上的，可以处违法经营额百分之二十以下的罚款，没有违法经营额或者违法经营额不足五万元的，可以处一万元以下的罚款。

第五十三条　违反本法第十四条第五款规定的，由地方工商行政管理部门责令改正，处十万元罚款。

第五十四条　对商标局撤销或者不予撤销注册商标的决定，当事人不服的，可以自收到通知之日起十五日内向商标评审委员会申请复审。商标评审委员会应当自收到申请之日起九个月内做出决定，并书面通知当事人。有特殊情况需要延长的，经国务院工商行政管理部门批准，可以延长三个月。当事人对商标评审委员会的决定不服的，可以自收到通知之日起三十日内向人民法院起诉。

第五十五条　法定期限届满，当事人对商标局做出的撤销注册商标的决定不申请复审或者对商标评审委员会做出的复审决定不向人民法院起诉的，撤销注册商标的决定、复审决定生效。

被撤销的注册商标，由商标局予以公告，该注册商标专用权自公告之日起终止。

第七章　注册商标专用权的保护

第五十六条　注册商标的专用权，以核准注册的商标和核定使用的商品为限。

第五十七条　有下列行为之一的，均属侵犯注册商标专用权：

（一）未经商标注册人的许可，在同一种商品上使用与其注册商标相同的商标的；

（二）未经商标注册人的许可，在同一种商品上使用与其注册商标近似的商标，或者在类似商品上使用与其注册商标相同或者近似的商标，容易导致混淆的；

（三）销售侵犯注册商标专用权的商品的；

（四）伪造、擅自制造他人注册商标标识或者销售伪造、擅自制造的注册商标标识的；

（五）未经商标注册人同意，更换其注册商标并将该更换商标的商品又投入市场的；

（六）故意为侵犯他人商标专用权行为提供便利条件，帮助他人实施侵犯商标专用权行为的；

（七）给他人的注册商标专用权造成其他损害的。

第五十八条　将他人注册商标、未注册的驰名商标作为企业名称中的字号使用，误导公众，构成不正当竞争行为的，依照《中华人民共和国反不正当竞争法》处理。

第五十九条　注册商标中含有的本商品的通用名称、图形、型号，或者直接表示商品的质量、主要原料、功能、用途、重量、数量及其他特点，或者含有的地名，注册商标专用权人无权禁止他人正当使用。

三维标志注册商标中含有的商品自身的性质产生的形状、为获得技术效果而需有的商品形状或者使商品具有实质性价值的形状，注册商标专用权人无权禁止他人正当使用。

商标注册人申请商标注册前，他人已经在同一种商品或者类似商品上先于商标注册人使用与注册商标相同或者近似并有一定影响的商标的，注册商标专用权人无权禁止该使用人在原使用范围内继续使用该商标，但可以要求其附加适当区别标识。

第六十条　有本法第五十七条所列侵犯注册商标专用权行为之一，引起纠纷的，由当事人协商解决；不愿协商或者协商不成的，商标注册人或者利害关系人可以向人民法院起诉，也可以请求工商行政管理部门处理。

工商行政管理部门处理时，认定侵权行为成立的，责令立即停止侵权行为，没收、销毁侵权商品和主要用于制造侵权商品、伪造注册商标标识的工具，违法经营额五万元以上的，可以处违法经营额五倍以下的罚款，没有违法经营额或者违法经营额不足五万元的，可以处二十五万元以下的罚款。对五年内实施两次以上商标侵权行为或者有其他严重情节的，应当从重处罚。销售不知道是侵犯注册商标专用权的商品，能证明该商品是自己合法取得并说明提供者的，由工商行政管理部门责令停止销售。

对侵犯商标专用权的赔偿数额的争议，当事人可以请求进行处理的工商行政管理部门调解，也可以依照《中华人民共和国民事诉讼法》向人民法院起诉。经工商行政管理部门调解，当事人未达成协议或者调解书生效后不履行的，当事人可以依照《中华人民共和国民事诉讼法》向人民法院起诉。

第六十一条　对侵犯注册商标专用权的行为，工商行政管理部门有权依法查处；涉嫌犯罪的，应当及时移送司法机关依法处理。

第六十二条　县级以上工商行政管理部门根据已经取得的违法嫌疑证据或者举报，对涉嫌侵犯他人注册商标专用权的行为进行查处时，可以行使下列职权：

（一）询问有关当事人，调查与侵犯他人注册商标专用权有关的情况；

（二）查阅、复制当事人与侵权活动有关的合同、发票、账簿以及其他有关资料；

（三）对当事人涉嫌从事侵犯他人注册商标专用权活动的场所实施现场检查；

（四）检查与侵权活动有关的物品；对有证据证明是侵犯他人注册商标专用权的物品，可以查封或者扣押。

工商行政管理部门依法行使前款规定的职权时，当事人应当予以协助、配合，不得拒绝、阻挠。

在查处商标侵权案件过程中，对商标权属存在争议或者权利人同时向人民法院提起商标侵权诉讼的，工商行政管理部门可以中止案件的查处。中止原因消除后，应当恢复或者终结案件查处程序。

第六十三条　侵犯商标专用权的赔偿数额，按照权利人因被侵权所受到的实际损失确定；实际损失难以确定的，可以按照侵权人因侵权所获得的利益确定；权利人的损失或者侵权人获得的利益难以确定的，参照该商标许可使用费的倍数合理确定。对恶意侵犯商标专用权，情节严重的，可以在按照上述方法确定数额的一倍以上三倍以下确定赔偿数额。赔偿数额应当包括权利人为制止侵权行为所支付的合理开支。

人民法院为确定赔偿数额，在权利人已经尽力举证，而与侵权行为相关的账簿、资料主要由侵权人掌握的情况下，可以责令侵权人提供与侵权行为相关的账簿、资料；侵权人不提供或者提供虚假的账簿、资料的，人民法院可以参考权利人的主张和提供的证据判定赔偿数额。

权利人因被侵权所受到的实际损失、侵权人因侵权所获得的利益、注册商标许可使用费难以确定的，由人民法院根据侵权行为的情节判决给予三百万元以下的赔偿。

第六十四条　注册商标专用权人请求赔偿，被控侵权人以注册商标专用权人未使用注册商标提出抗辩的，人民法院可以要求注册商标专用权人提供此前三年内实际使用该注册商标的证据。注册商标专用权人不能证明此前三年内实际使用过该注册商标，也不能证明因侵权行为受到其他损失的，被控侵权人不承担赔偿责任。

销售不知道是侵犯注册商标专用权的商品，能证明该商品是自己合法取得并说明提供者的，不承担赔偿责任。

第六十五条　商标注册人或者利害关系人有证据证明他人正在实施或者即将实施侵犯其注册商标专用权的行为，如不及时制止将会使其合法权益受到难以弥补的损害的，可以依法在起诉前向人民法院申请采取责令停止有关行为和财产保全的措施。

第六十六条　为制止侵权行为，在证据可能灭失或者以后难以取得的情况下，商标注册人或者利害关系人可以依法在起诉前向人民法院申请保全证据。

第六十七条　未经商标注册人许可，在同一种商品上使用与其注册商标相同的商标，构成犯罪的，除赔偿被侵权人的损失外，依法追究刑事责任。

伪造、擅自制造他人注册商标标识或者销售伪造、擅自制造的注册商标标识，构成犯罪的，除赔偿被侵权人的损失外，依法追究刑事责任。

销售明知是假冒注册商标的商品，构成犯罪的，除赔偿被侵权人的损失外，依法追究刑事责任。

第六十八条　商标代理机构有下列行为之一的，由工商行政管理部门责令限期改正，给予警告，处一万元以上十万元以下的罚款；对直接负责的主管人员和其他直接责任人员给予警告，处五千元以上五万元以下的罚款；构成犯罪的，依法追究刑事责任：

（一）办理商标事宜过程中，伪造、变造或者使用伪造、变造的法律文件、印章、签名的；

（二）以诋毁其他商标代理机构等手段招徕商标代理业务或者以其他不正当手段扰乱商标代理市场秩序的；

（三）违反本法第十九条第三款、第四款规定的。

商标代理机构有前款规定行为的，由工商行政管理部门记入信用档案；情节严重的，商标局、商标评审委员会并可以决定停止受理其办理商标代理业务，予以公告。

商标代理机构违反诚实信用原则，侵害委托人合法利益的，应当依法承担民事责任，并由商标代理行业组织按照章程规定予以惩戒。

第六十九条　从事商标注册、管理和复审工作的国家机关工作人员必须秉公执法，廉洁自律，忠于职守，文明服务。

商标局、商标评审委员会以及从事商标注册、管理和复审工作的国家机关工作人员不得从事商标代理业务和商品生产经营活动。

第七十条　工商行政管理部门应当建立健全内部监督制度，对负责商标注册、管理和复审工作的国家机关工作人员执行法律、行政法规和遵守纪律的情况，进行监督检查。

第七十一条　从事商标注册、管理和复审工作的国家机关工作人员玩忽职守、滥用职权、徇私舞弊，违法办理商标注册、管理和复审事项，收受当事人财物，牟取不正当利益，构成犯罪的，依法追究刑事责任；尚不构成犯罪的，依法给予处分。

第八章　附　则

第七十二条　申请商标注册和办理其他商标事宜的，应当缴纳费用，具体收费标准另定。

第七十三条 本法自 1983 年 3 月 1 日起施行。1963 年 4 月 10 日国务院公布的《商标管理条例》同时废止；其他有关商标管理的规定，凡与本法抵触的，同时失效。

本法施行前已经注册的商标继续有效。

中华人民共和国国务院令

第 651 号

现公布修订后的《中华人民共和国商标法实施条例》，自 2014 年 5 月 1 日起施行。

总　理　李克强

2014 年 4 月 29 日

中华人民共和国商标法实施条例

（2002 年 8 月 3 日中华人民共和国国务院令第 358 号公布

2014 年 4 月 29 日中华人民共和国国务院令第 651 号修订）

第一章　总　则

第一条　根据《中华人民共和国商标法》（以下简称商标法），制定本条例。

第二条　本条例有关商品商标的规定，适用于服务商标。

第三条　商标持有人依照商标法第十三条规定请求驰名商标保护的，应当提交其商标构成驰名商标的证据材料。商标局、商标评审委员会应当依照商标法第十四条的规定，根据审查、处理案件的需要以及当事人提交的证据材料，对其商标驰名情况作出认定。

第四条　商标法第十六条规定的地理标志，可以依照商标法和本条例的规定，作为证明商标或者集体商标申请注册。

以地理标志作为证明商标注册的，其商品符合使用该地理标志条件的自然人、法人或者其他组织可以要求使用该证明商标，控制该证明商标的组织应当允许。以地理标志作为集体商标注册的，其商品符合使用该地理标志条件的自然人、法人或者其他组织，可以要求参加以该地理标志作为集体商标注册的团体、协会或者其他组织，该团体、协会或者其他组织应当依据其章程接纳为会员；不要求参加以该地理标志作为集体商标注册的团体、协会或者其他组织的，也可以正当使用该地理标志，该团体、协会或者其他组织无权禁止。

第五条　当事人委托商标代理机构申请商标注册或者办理其他商标事宜，应当提交代理委托书。代理委托书应当载明代理内容及权限；外国人或者外国企业的代理委托书还应当载明委托人的国籍。

外国人或者外国企业的代理委托书及与其有关的证明文件的公证、认证手续，按照对等原则办理。

申请商标注册或者转让商标，商标注册申请人或者商标转让受让人为外国人或者外国企业的，应当在申请书中指定中国境内接收人负责接收商标局、商标评审委员会后继商标业务的法律文件。商标局、商标评审委员会后继商标业务的法律文件向中国境内接收人送达。

商标法第十八条所称外国人或者外国企业，是指在中国没有经常居所或者营业所的外国人或者外国企业。

第六条　申请商标注册或者办理其他商标事宜，应当使用中文。

依照商标法和本条例规定提交的各种证件、证明文件和证据材料是外文的，应当附送中文译文；未附送的，视为未提交该证件、证明文件或者证据材料。

第七条　商标局、商标评审委员会工作人员有下列情形之一的，应当回避，当事人或者利害关系人可以要求其回避：

（一）是当事人或者当事人、代理人的近亲属的；

（二）与当事人、代理人有其他关系，可能影响公正的；

（三）与申请商标注册或者办理其他商标事宜有利害关系的。

第八条　以商标法第二十二条规定的数据电文方式提交商标注册申请等有关文件，应当按照商标局或者商标评审委员会的规定通过互联网提交。

第九条　除本条例第十八条规定的情形外，当事人向商标局或者商标评审委员会提交文件或者材料的日期，直接递交的，以递交日为准；邮寄的，以寄出的邮戳日为准；邮戳日不清晰或者没有邮戳的，以商标局或者商标评审委员会实际收到日为准，但是当事人能够提出实际邮戳日证据的除外。通过邮政企业以外的快递企业递交的，以快递企业收寄日为准；收寄日不明确的，以商标局或者商标评审委员会实际收到日为准，但是当事人能够提出实际收寄日证据的除外。以数据电文方式提交的，以进入商标局或者商标评审委员会电子系统的日期为准。

当事人向商标局或者商标评审委员会邮寄文件，应当使用给据邮件。

当事人向商标局或者商标评审委员会提交文件，以书面方式提交的，以商标局或者商标评审委员会所存档案记录为准；以数据电文方式提交的，以商标局或者商标评审委员会数据库记录为准，但是当事人确有证据证明商标局或者商标评审委员会档案、数据库记录有错误的除外。

第十条 商标局或者商标评审委员会的各种文件，可以通过邮寄、直接递交、数据电文或者其他方式送达当事人；以数据电文方式送达当事人的，应当经当事人同意。当事人委托商标代理机构的，文件送达商标代理机构视为送达当事人。

商标局或者商标评审委员会向当事人送达各种文件的日期，邮寄的，以当事人收到的邮戳日为准；邮戳日不清晰或者没有邮戳的，自文件发出之日起满 15 日视为送达当事人，但是当事人能够证明实际收到日的除外；直接递交的，以递交日为准；以数据电文方式送达的，自文件发出之日起满 15 日视为送达当事人，但是当事人能够证明文件进入其电子系统日期的除外。文件通过上述方式无法送达的，可以通过公告方式送达，自公告发布之日起满 30 日，该文件视为送达当事人。

第十一条 下列期间不计入商标审查、审理期限：

（一）商标局、商标评审委员会文件公告送达的期间；

（二）当事人需要补充证据或者补正文件的期间以及因当事人更换需要重新答辩的期间；

（三）同日申请提交使用证据及协商、抽签需要的期间；

（四）需要等待优先权确定的期间；

（五）审查、审理过程中，依案件申请人的请求等待在先权利案件审理结果的期间。

第十二条 除本条第二款规定的情形外，商标法和本条例规定的各种期限开始的当日不计算在期限内。期限以年或者月计算的，以期限最后一月的相应日为期限届满日；该月无相应日的，以该月最后一日为期限届满日；期限届满日是节假日的，以节假日后的第一个工作日为期限届满日。

商标法第三十九条、第四十条规定的注册商标有效期从法定日开始起算，期限最后一月相应日的前一日为期限届满日，该月无相应日的，以该月最后一日为期限届满日。

第二章 商标注册的申请

第十三条 申请商标注册，应当按照公布的商品和服务分类表填报。每一件商标注册申请应当向商标局提交《商标注册申请书》1份、商标图样1份；以颜色组合或者着色图样申请商标注册的，应当提交着色图样，并提交黑白稿1份；不指定颜色的，应当提交黑白图样。

商标图样应当清晰，便于粘贴，用光洁耐用的纸张印制或者用照片代替，长和宽应当不大于10厘米，不小于5厘米。

以三维标志申请商标注册的，应当在申请书中予以声明，说明商标的使用方式，并提交能够确定三维形状的图样，提交的商标图样应当至少包含三面视图。

以颜色组合申请商标注册的，应当在申请书中予以声明，说明商标的使用方式。

以声音标志申请商标注册的，应当在申请书中予以声明，提交符合要求的声音样本，对申请注册的声音商标进行描述，说明商标的使用方式。对声音商标进行描述，应当以五线谱或者简谱对申请用作商标的声音加以描述并附加文字说明；无法以五线谱或者简谱描述的，应当以文字加以描述；商标描述与声音样本应当一致。

申请注册集体商标、证明商标的，应当在申请书中予以声明，并提交主体资格证明文件和使用管理规则。

商标为外文或者包含外文的，应当说明含义。

第十四条 申请商标注册的，申请人应当提交其身份证明文件。商标注册申请人的名义与所提交的证明文件应当一致。

前款关于申请人提交其身份证明文件的规定适用于向商标局提出的办理变更、转让、续展、异议、撤销等其他商标事宜。

第十五条 商品或者服务项目名称应当按照商品和服务分类表中的类别号、名称填写；商品或者服务项目名称未列入商品和服务分类表的，应当附送对该商品或者服务的说明。

商标注册申请等有关文件以纸质方式提出的，应当打字或者印刷。

本条第二款规定适用于办理其他商标事宜。

第十六条 共同申请注册同一商标或者办理其他共有商标事宜的，应当在申请书中指定一个代表人；没有指定代表人的，以申请书中顺序排列的第一人为代表人。

商标局和商标评审委员会的文件应当送达代表人。

第十七条 申请人变更其名义、地址、代理人、文件接收人或者删减指定的商品的，应当向商标局办理变更手续。

申请人转让其商标注册申请的，应当向商标局办理转让手续。

第十八条 商标注册的申请日期以商标局收到申请文件的日期为准。

商标注册申请手续齐备、按照规定填写申请文件并缴纳费用的，商标局予以受理并书面通知申请人；申请手续不齐备、未按照规定填写申请文件或者未缴纳费用的，商标局不予受理，书面通知申请人并说明理由。申请手续基本齐备或者申请文件基本符合规定，但是需要补正的，商标局通知申请人予以补正，限其自收到通知之日起30日内，按照指定内容补正并交回商标局。在规定期限内补正并交回商标局的，保留申请日期；期满未补正的或者不按照要求进行补正的，商标局不予受理并书面通知申请人。

本条第二款关于受理条件的规定适用于办理其他商标事宜。

第十九条 两个或者两个以上的申请人，在同一种商品或者类似商品上，分别以相同或者近似的商标在同一天申请注册的，各申请人应当自收到商标局通知之日起30日内提交其申请注册前在先使用该商标的证据。同日使用或者均未使用的，各申请人可以自收到商标局通知之日起30日内自行协商，并将书面协议报送商标局；不愿协商或者协商不成的，商标局通知各申请人以抽签的方式确定一个申请人，驳回其他人的注册申请。商标局已经通知但申请人未参加抽签的，视为放弃申请，商标局应当书面通知未参加抽签的申请人。

第二十条 依照商标法第二十五条规定要求优先权的，申请人提交的第一次提出商标注册申请文件的副本应当经受理该申请的商标主管机关证明，并注明申请日期和申请号。

第三章 商标注册申请的审查

第二十一条 商标局对受理的商标注册申请，依照商标法及本条例的有关规定进行审查，对符合规定或者在部分指定商品上使用商标的注册申请符合规定的，予以初步审定，并予以公告；对不符合规定或者在部分指定商品上使用商标的注册申请不符合规定的，予以驳回或者驳回在部分指定商品上使用商标的注册申请，书面通知申请人并说明理由。

第二十二条 商标局对一件商标注册申请在部分指定商品上予以驳回的，申请人可以将该申请中初步审定的部分申请分割成另一件申请，分割后的申请保留原申请的申请日期。

需要分割的，申请人应当自收到商标局《商标注册申请部分驳回通知书》之日起15 日内，向商标局提出分割申请。

商标局收到分割申请后，应当将原申请分割为两件，对分割出来的初步审定申请生成新的申请号，并予以公告。

第二十三条 依照商标法第二十九条规定，商标局认为对商标注册申请内容需要说明或者修正的，申请人应当自收到商标局通知之日起 15 日内作出说明或者修正。

第二十四条 对商标局初步审定予以公告的商标提出异议的，异议人应当向商标局提交下列商标异议材料一式两份并标明正、副本：

（一）商标异议申请书；

（二）异议人的身份证明；

（三）以违反商标法第十三条第二款和第三款、第十五条、第十六条第一款、第三十条、第三十一条、第三十二条规定为由提出异议的，异议人作为在先权利人或者利害关系人的证明。

商标异议申请书应当有明确的请求和事实依据，并附送有关证据材料。

第二十五条 商标局收到商标异议申请书后，经审查，符合受理条件的，予以受理，向申请人发出受理通知书。

第二十六条 商标异议申请有下列情形的，商标局不予受理，书面通知申请人并说明理由：

（一）未在法定期限内提出的；

（二）申请人主体资格、异议理由不符合商标法第三十三条规定的；

（三）无明确的异议理由、事实和法律依据的；

（四）同一异议人以相同的理由、事实和法律依据针对同一商标再次提出异议申请的。

第二十七条 商标局应当将商标异议材料副本及时送交被异议人，限其自收到商标异议材料副本之日起 30 日内答辩。被异议人不答辩的，不影响商标局作出决定。

当事人需要在提出异议申请或者答辩后补充有关证据材料的，应当在商标异议申请书或者答辩书中声明，并自提交商标异议申请书或者答辩书之日起 3 个月内提交；期满未提交的，视为当事人放弃补充有关证据材料。但是，在期满后生成或者当事人有其他正当理由未能在期满前提交的证据，在期满后提交的，商标局将证据交对方当事人并质证后可以采信。

第二十八条 商标法第三十五条第三款和第三十六条第一款所称不予注册决定，包括在部分指定商品上不予注册决定。

被异议商标在商标局作出准予注册决定或者不予注册决定前已经刊发注册公告的，撤销该注册公告。经审查异议不成立而准予注册的，在准予注册决定生效后重新公告。

第二十九条 商标注册申请人或者商标注册人依照商标法第三十八条规定提出更正申请的，应当向商标局提交更正申请书。符合更正条件的，商标局核准后更正相关内容；不符合更正条件的，商标局不予核准，书面通知申请人并说明理由。

已经刊发初步审定公告或者注册公告的商标经更正的，刊发更正公告。

第四章　注册商标的变更、转让、续展

第三十条 变更商标注册人名义、地址或者其他注册事项的，应当向商标局提交变更申请书。变更商标注册人名义的，还应当提交有关登记机关出具的变更证明文件。商标局核准的，发给商标注册人相应证明，并予以公告；不予核准的，应当书面通知申请人并说明理由。

变更商标注册人名义或者地址的，商标注册人应当将其全部注册商标一并变更；未一并变更的，由商标局通知其限期改正；期满未改正的，视为放弃变更申请，商标局应当书面通知申请人。

第三十一条 转让注册商标的，转让人和受让人应当向商标局提交转让注册商标申请书。转让注册商标申请手续应当由转让人和受让人共同办理。商标局核准转让注册商标申请的，发给受让人相应证明，并予以公告。

转让注册商标，商标注册人对其在同一种或者类似商品上注册的相同或者近似的商标未一并转让的，由商标局通知其限期改正；期满未改正的，视为放弃转让该注册商标的申请，商标局应当书面通知申请人。

第三十二条 注册商标专用权因转让以外的继承等其他事由发生移转的，接受该注册商标专用权的当事人应当凭有关证明文件或者法律文书到商标局办理注册商标专用权移转手续。

注册商标专用权移转的，注册商标专用权人在同一种或者类似商品上注册的相同或者近似的商标，应当一并移转；未一并移转的，由商标局通知其限期改正；期满未改正的，视为放弃该移转注册商标的申请，商标局应当书面通知申请人。

商标移转申请经核准的，予以公告。接受该注册商标专用权移转的当事人自公告之日起享有商标专用权。

第三十三条 注册商标需要续展注册的，应当向商标局提交商标续展注册申请书。商标局核准商标注册续展申请的，发给相应证明并予以公告。

第五章 商标国际注册

第三十四条 商标法第二十一条规定的商标国际注册，是指根据《商标国际注册马德里协定》（以下简称马德里协定）、《商标国际注册马德里协定有关议定书》（以下简称马德里议定书）及《商标国际注册马德里协定及该协定有关议定书的共同实施细则》的规定办理的马德里商标国际注册。

马德里商标国际注册申请包括以中国为原属国的商标国际注册申请、指定中国的领土延伸申请及其他有关的申请。

第三十五条 以中国为原属国申请商标国际注册的，应当在中国设有真实有效的营业所，或者在中国有住所，或者拥有中国国籍。

第三十六条 符合本条例第三十五条规定的申请人，其商标已在商标局获得注册的，可以根据马德里协定申请办理该商标的国际注册。

符合本条例第三十五条规定的申请人，其商标已在商标局获得注册，或者已向商标局提出商标注册申请并被受理的，可以根据马德里议定书申请办理该商标的国际注册。

第三十七条 以中国为原属国申请商标国际注册的，应当通过商标局向世界知识产权组织国际局（以下简称国际局）申请办理。

以中国为原属国的，与马德里协定有关的商标国际注册的后期指定、放弃、注销，应当通过商标局向国际局申请办理；与马德里协定有关的商标国际注册的转让、删减、变更、续展，可以通过商标局向国际局申请办理，也可以直接向国际局申请办理。

以中国为原属国的，与马德里议定书有关的商标国际注册的后期指定、转让、删减、放弃、注销、变更、续展，可以通过商标局向国际局申请办理，也可以直接向国际局申请办理。

第三十八条 通过商标局向国际局申请商标国际注册及办理其他有关申请的，应当提交符合国际局和商标局要求的申请书和相关材料。

第三十九条 商标国际注册申请指定的商品或者服务不得超出国内基础申请或者基础注册的商品或者服务的范围。

第四十条 商标国际注册申请手续不齐备或者未按照规定填写申请书的，商标局不予受理，申请日不予保留。

申请手续基本齐备或者申请书基本符合规定，但需要补正的，申请人应当自收到补正通知书之日起30日内予以补正，逾期未补正的，商标局不予受理，书面通知申请人。

第四十一条 通过商标局向国际局申请商标国际注册及办理其他有关申请的，应当按照规定缴纳费用。

申请人应当自收到商标局缴费通知单之日起 15 日内，向商标局缴纳费用。期满未缴纳的，商标局不受理其申请，书面通知申请人。

第四十二条 商标局在马德里协定或者马德里议定书规定的驳回期限（以下简称驳回期限）内，依照商标法和本条例的有关规定对指定中国的领土延伸申请进行审查，作出决定，并通知国际局。商标局在驳回期限内未发出驳回或者部分驳回通知的，该领土延伸申请视为核准。

第四十三条 指定中国的领土延伸申请人，要求将三维标志、颜色组合、声音标志作为商标保护或者要求保护集体商标、证明商标的，自该商标在国际局国际注册簿登记之日起 3 个月内，应当通过依法设立的商标代理机构，向商标局提交本条例第十三条规定的相关材料。未在上述期限内提交相关材料的，商标局驳回该领土延伸申请。

第四十四条 世界知识产权组织对商标国际注册有关事项进行公告，商标局不再另行公告。

第四十五条 对指定中国的领土延伸申请，自世界知识产权组织《国际商标公告》出版的次月 1 日起 3 个月内，符合商标法第三十三条规定条件的异议人可以向商标局提出异议申请。

商标局在驳回期限内将异议申请的有关情况以驳回决定的形式通知国际局。

被异议人可以自收到国际局转发的驳回通知书之日起 30 日内进行答辩，答辩书及相关证据材料应当通过依法设立的商标代理机构向商标局提交。

第四十六条 在中国获得保护的国际注册商标，有效期自国际注册日或者后期指定日起算。在有效期届满前，注册人可以向国际局申请续展，在有效期内未申请续展的，可以给予 6 个月的宽展期。商标局收到国际局的续展通知后，依法进行审查。国际局通知未续展的，注销该国际注册商标。

第四十七条 指定中国的领土延伸申请办理转让的，受让人应当在缔约方境内有真实有效的营业所，或者在缔约方境内有住所，或者是缔约方国民。

转让人未将其在相同或者类似商品或者服务上的相同或者近似商标一并转让的，商标局通知注册人自发出通知之日起 3 个月内改正；期满未改正或者转让容易引起混淆或者有其他不良影响的，商标局作出该转让在中国无效的决定，并向国际局作出声明。

第四十八条 指定中国的领土延伸申请办理删减，删减后的商品或者服务不符合中国有关商品或者服务分类要求或者超出原指定商品或者服务范围的，商标局作出该删减在中国无效的决定，并向国际局作出声明。

第四十九条 依照商标法第四十九条第二款规定申请撤销国际注册商标，应当自该商标国际注册申请的驳回期限届满之日起满 3 年后向商标局提出申请；驳回期限届满时仍处在驳回复审或者异议相关程序的，应当自商标局或者商标评审委员会作出的准予注册决定生效之日起满 3 年后向商标局提出申请。

依照商标法第四十四条第一款规定申请宣告国际注册商标无效的，应当自该商标国际注册申请的驳回期限届满后向商标评审委员会提出申请；驳回期限届满时仍处在驳回复审或者异议相关程序的，应当自商标局或者商标评审委员会作出的准予注册决定生效后向商标评审委员会提出申请。

依照商标法第四十五条第一款规定申请宣告国际注册商标无效的，应当自该商标国际注册申请的驳回期限届满之日起 5 年内向商标评审委员会提出申请；驳回期限届满时仍处在驳回复审或者异议相关程序的，应当自商标局或者商标评审委员会作出的准予注册决定生效之日起 5 年内向商标评审委员会提出申请。对恶意注册的，驰名商标所有人不受 5 年的时间限制。

第五十条 商标法和本条例下列条款的规定不适用于办理商标国际注册相关事宜：

（一）商标法第二十八条、第三十五条第一款关于审查和审理期限的规定；

（二）本条例第二十二条、第三十条第二款；

（三）商标法第四十二条及本条例第三十一条关于商标转让由转让人和受让人共同申请并办理手续的规定。

第六章 商标评审

第五十一条 商标评审是指商标评审委员会依照商标法第三十四条、第三十五条、第四十四条、第四十五条、第五十四条的规定审理有关商标争议事宜。当事人向商标评审委员会提出商标评审申请，应当有明确的请求、事实、理由和法律依据，并提供相应证据。

商标评审委员会根据事实，依法进行评审。

第五十二条 商标评审委员会审理不服商标局驳回商标注册申请决定的复审案件，应当针对商标局的驳回决定和申请人申请复审的事实、理由、请求及评审时的事实状态进行审理。

商标评审委员会审理不服商标局驳回商标注册申请决定的复审案件，发现申请注册的商标有违反商标法第十条、第十一条、第十二条和第十六条第一款规定情形，商标局并未依据上述条款作出驳回决定的，可以依据上述条款作出驳回申请的复审决定。商标评审委员会作出复审决定前应当听取申请人的意见。

第五十三条 商标评审委员会审理不服商标局不予注册决定的复审案件，应当针对商标局的不予注册决定和申请人申请复审的事实、理由、请求及原异议人提出的意见进行审理。

商标评审委员会审理不服商标局不予注册决定的复审案件，应当通知原异议人参加并提出意见。原异议人的意见对案件审理结果有实质影响的，可以作为评审的依据；原异议人不参加或者不提出意见的，不影响案件的审理。

第五十四条 商标评审委员会审理依照商标法第四十四条、第四十五条规定请求宣告注册商标无效的案件，应当针对当事人申请和答辩的事实、理由及请求进行审理。

第五十五条 商标评审委员会审理不服商标局依照商标法第四十四条第一款规定作出宣告注册商标无效决定的复审案件，应当针对商标局的决定和申请人申请复审的事实、理由及请求进行审理。

第五十六条 商标评审委员会审理不服商标局依照商标法第四十九条规定作出撤销或者维持注册商标决定的复审案件，应当针对商标局作出撤销或者维持注册商标决定和当事人申请复审时所依据的事实、理由及请求进行审理。

第五十七条 申请商标评审，应当向商标评审委员会提交申请书，并按照对方当事人的数量提交相应份数的副本；基于商标局的决定书申请复审的，还应当同时附送商标局的决定书副本。

商标评审委员会收到申请书后，经审查，符合受理条件的，予以受理；不符合受理条件的，不予受理，书面通知申请人并说明理由；需要补正的，通知申请人自收到通知之日起 30 日内补正。经补正仍不符合规定的，商标评审委员会不予受理，书面通知申请人并说明理由；期满未补正的，视为撤回申请，商标评审委员会应当书面通知申请人。

商标评审委员会受理商标评审申请后，发现不符合受理条件的，予以驳回，书面通知申请人并说明理由。

第五十八条 商标评审委员会受理商标评审申请后应当及时将申请书副本送交对方当事人，限其自收到申请书副本之日起 30 日内答辩；期满未答辩的，不影响商标评审委员会的评审。

第五十九条 当事人需要在提出评审申请或者答辩后补充有关证据材料的，应当在申请书或者答辩书中声明，并自提交申请书或者答辩书之日起 3 个月内提交；期满未提交的，视为放弃补充有关证据材料。但是，在期满后生成或者当事人有其他正当理由未能在期满前提交的证据，在期满后提交的，商标评审委员会将证据交对方当事人并质证后可以采信。

第六十条 商标评审委员会根据当事人的请求或者实际需要，可以决定对评审申请进行口头审理。

商标评审委员会决定对评审申请进行口头审理的，应当在口头审理 15 日前书面通知当事人，告知口头审理的日期、地点和评审人员。当事人应当在通知书指定的期限内作出答复。

申请人不答复也不参加口头审理的，其评审申请视为撤回，商标评审委员会应当书面通知申请人；被申请人不答复也不参加口头审理的，商标评审委员会可以缺席评审。

第六十一条 申请人在商标评审委员会作出决定、裁定前，可以书面向商标评审委员会要求撤回申请并说明理由，商标评审委员会认为可以撤回的，评审程序终止。

第六十二条 申请人撤回商标评审申请的，不得以相同的事实和理由再次提出评审申请。商标评审委员会对商标评审申请已经作出裁定或者决定的，任何人不得以相同的事实和理由再次提出评审申请。但是，经不予注册复审程序予以核准注册后向商标评审委员会提起宣告注册商标无效的除外。

第七章　商标使用的管理

第六十三条 使用注册商标，可以在商品、商品包装、说明书或者其他附着物上标明"注册商标"或者注册标记。

注册标记包括Ⓣ和Ⓡ。使用注册标记，应当标注在商标的右上角或者右下角。

第六十四条 《商标注册证》遗失或者破损的，应当向商标局提交补发《商标注册证》申请书。《商标注册证》遗失的，应当在《商标公告》上刊登遗失声明。破损的《商标注册证》，应当在提交补发申请时交回商标局。

商标注册人需要商标局补发商标变更、转让、续展证明，出具商标注册证明，或者商标申请人需要商标局出具优先权证明文件的，应当向商标局提交相应申请书。符合要求的，商标局发给相应证明；不符合要求的，商标局不予办理，通知申请人并告知理由。

伪造或者变造《商标注册证》或者其他商标证明文件的，依照刑法关于伪造、变造国家机关证件罪或者其他罪的规定，依法追究刑事责任。

第六十五条　有商标法第四十九条规定的注册商标成为其核定使用的商品通用名称情形的，任何单位或者个人可以向商标局申请撤销该注册商标，提交申请时应当附送证据材料。商标局受理后应当通知商标注册人，限其自收到通知之日起 2 个月内答辩；期满未答辩的，不影响商标局作出决定。

第六十六条　有商标法第四十九条规定的注册商标无正当理由连续 3 年不使用情形的，任何单位或者个人可以向商标局申请撤销该注册商标，提交申请时应当说明有关情况。商标局受理后应当通知商标注册人，限其自收到通知之日起 2 个月内提交该商标在撤销申请提出前使用的证据材料或者说明不使用的正当理由；期满未提供使用的证据材料或者证据材料无效并没有正当理由的，由商标局撤销其注册商标。

前款所称使用的证据材料，包括商标注册人使用注册商标的证据材料和商标注册人许可他人使用注册商标的证据材料。

以无正当理由连续 3 年不使用为由申请撤销注册商标的，应当自该注册商标注册公告之日起满 3 年后提出申请。

第六十七条　下列情形属于商标法第四十九条规定的正当理由：

（一）不可抗力；

（二）政府政策性限制；

（三）破产清算；

（四）其他不可归责于商标注册人的正当事由。

第六十八条　商标局、商标评审委员会撤销注册商标或者宣告注册商标无效，撤销或者宣告无效的理由仅及于部分指定商品的，对在该部分指定商品上使用的商标注册予以撤销或者宣告无效。

第六十九条　许可他人使用其注册商标的，许可人应当在许可合同有效期内向商标局备案并报送备案材料。备案材料应当说明注册商标使用许可人、被许可人、许可期限、许可使用的商品或者服务范围等事项。

第七十条　以注册商标专用权出质的，出质人与质权人应当签订书面质权合同，并共同向商标局提出质权登记申请，由商标局公告。

第七十一条　违反商标法第四十三条第二款规定的，由工商行政管理部门责令限期改正；逾期不改正的，责令停止销售，拒不停止销售的，处 10 万元以下的罚款。

第七十二条　商标持有人依照商标法第十三条规定请求驰名商标保护的，可以向工商行政管理部门提出请求。经商标局依照商标法第十四条规定认定为驰名商标的，由工商行政管理部门责令停止违反商标法第十三条规定使用商标的行为，收缴、销毁违法使用的商标标识；商标标识与商品难以分离的，一并收缴、销毁。

第七十三条 商标注册人申请注销其注册商标或者注销其商标在部分指定商品上的注册的，应当向商标局提交商标注销申请书，并交回原《商标注册证》。

商标注册人申请注销其注册商标或者注销其商标在部分指定商品上的注册，经商标局核准注销的，该注册商标专用权或者该注册商标专用权在该部分指定商品上的效力自商标局收到其注销申请之日起终止。

第七十四条 注册商标被撤销或者依照本条例第七十三条的规定被注销的，原《商标注册证》作废，并予以公告；撤销该商标在部分指定商品上的注册的，或者商标注册人申请注销其商标在部分指定商品上的注册的，重新核发《商标注册证》，并予以公告。

第八章 注册商标专用权的保护

第七十五条 为侵犯他人商标专用权提供仓储、运输、邮寄、印制、隐匿、经营场所、网络商品交易平台等，属于商标法第五十七条第六项规定的提供便利条件。

第七十六条 在同一种商品或者类似商品上将与他人注册商标相同或者近似的标志作为商品名称或者商品装潢使用，误导公众的，属于商标法第五十七条第二项规定的侵犯注册商标专用权的行为。

第七十七条 对侵犯注册商标专用权的行为，任何人可以向工商行政管理部门投诉或者举报。

第七十八条 计算商标法第六十条规定的违法经营额，可以考虑下列因素：

（一）侵权商品的销售价格；

（二）未销售侵权商品的标价；

（三）已查清侵权商品实际销售的平均价格；

（四）被侵权商品的市场中间价格；

（五）侵权人因侵权所产生的营业收入；

（六）其他能够合理计算侵权商品价值的因素。

第七十九条 下列情形属于商标法第六十条规定的能证明该商品是自己合法取得的情形：

（一）有供货单位合法签章的供货清单和货款收据且经查证属实或者供货单位认可的；

（二）有供销双方签订的进货合同且经查证已真实履行的；

（三）有合法进货发票且发票记载事项与涉案商品对应的；

（四）其他能够证明合法取得涉案商品的情形。

第八十条 销售不知道是侵犯注册商标专用权的商品，能证明该商品是自己合法取得并说明提供者的，由工商行政管理部门责令停止销售，并将案件情况通报侵权商品提供者所在地工商行政管理部门。

第八十一条 涉案注册商标权属正在商标局、商标评审委员会审理或者人民法院诉讼中，案件结果可能影响案件定性的，属于商标法第六十二条第三款规定的商标权属存在争议。

第八十二条 在查处商标侵权案件过程中，工商行政管理部门可以要求权利人对涉案商品是否为权利人生产或者其许可生产的产品进行辨认。

第九章　商标代理

第八十三条 商标法所称商标代理，是指接受委托人的委托，以委托人的名义办理商标注册申请、商标评审或者其他商标事宜。

第八十四条 商标法所称商标代理机构，包括经工商行政管理部门登记从事商标代理业务的服务机构和从事商标代理业务的律师事务所。

商标代理机构从事商标局、商标评审委员会主管的商标事宜代理业务的，应当按照下列规定向商标局备案：

（一）交验工商行政管理部门的登记证明文件或者司法行政部门批准设立律师事务所的证明文件并留存复印件；

（二）报送商标代理机构的名称、住所、负责人、联系方式等基本信息；

（三）报送商标代理从业人员名单及联系方式。

工商行政管理部门应当建立商标代理机构信用档案。商标代理机构违反商标法或者本条例规定的，由商标局或者商标评审委员会予以公开通报，并记入其信用档案。

第八十五条 商标法所称商标代理从业人员，是指在商标代理机构中从事商标代理业务的工作人员。

商标代理从业人员不得以个人名义自行接受委托。

第八十六条 商标代理机构向商标局、商标评审委员会提交的有关申请文件，应当加盖该代理机构公章并由相关商标代理从业人员签字。

第八十七条 商标代理机构申请注册或者受让其代理服务以外的其他商标，商标局不予受理。

第八十八条 下列行为属于商标法第六十八条第一款第二项规定的以其他不正当

手段扰乱商标代理市场秩序的行为：

（一）以欺诈、虚假宣传、引人误解或者商业贿赂等方式招徕业务的；

（二）隐瞒事实，提供虚假证据，或者威胁、诱导他人隐瞒事实，提供虚假证据的；

（三）在同一商标案件中接受有利益冲突的双方当事人委托的。

第八十九条 商标代理机构有商标法第六十八条规定行为的，由行为人所在地或者违法行为发生地县级以上工商行政管理部门进行查处并将查处情况通报商标局。

第九十条 商标局、商标评审委员会依照商标法第六十八条规定停止受理商标代理机构办理商标代理业务的，可以作出停止受理该商标代理机构商标代理业务6个月以上直至永久停止受理的决定。停止受理商标代理业务的期间届满，商标局、商标评审委员会应当恢复受理。

商标局、商标评审委员会作出停止受理或者恢复受理商标代理的决定应当在其网站予以公告。

第九十一条 工商行政管理部门应当加强对商标代理行业组织的监督和指导。

第十章 附 则

第九十二条 连续使用至1993年7月1日的服务商标，与他人在相同或者类似的服务上已注册的服务商标相同或者近似的，可以继续使用；但是，1993年7月1日后中断使用3年以上的，不得继续使用。

已连续使用至商标局首次受理新放开商品或者服务项目之日的商标，与他人在新放开商品或者服务项目相同或者类似的商品或者服务上已注册的商标相同或者近似的，可以继续使用；但是，首次受理之日后中断使用3年以上的，不得继续使用。

第九十三条 商标注册用商品和服务分类表，由商标局制定并公布。

申请商标注册或者办理其他商标事宜的文件格式，由商标局、商标评审委员会制定并公布。

商标评审委员会的评审规则由国务院工商行政管理部门制定并公布。

第九十四条 商标局设置《商标注册簿》，记载注册商标及有关注册事项。

第九十五条 《商标注册证》及相关证明是权利人享有注册商标专用权的凭证。《商标注册证》记载的注册事项，应当与《商标注册簿》一致；记载不一致的，除有证据证明《商标注册簿》确有错误外，以《商标注册簿》为准。

第九十六条 商标局发布《商标公告》，刊发商标注册及其他有关事项。

《商标公告》采用纸质或者电子形式发布。

除送达公告外，公告内容自发布之日起视为社会公众已经知道或者应当知道。

第九十七条 申请商标注册或者办理其他商标事宜，应当缴纳费用。缴纳费用的项目和标准，由国务院财政部门、国务院价格主管部门分别制定。

第九十八条 本条例自 2014 年 5 月 1 日起施行。

中华人民共和国国家工商行政管理总局令

第 6 号

《集体商标、证明商标注册和管理办法》已经中华人民共和国国家工商行政管理总局局务会议审议通过，现予发布，自 2003 年 6 月 1 日起施行。

局 长 王众孚

2003 年 4 月 17 日

集体商标、证明商标注册和管理办法

第一条 根据《中华人民共和国商标法》（以下简称商标法）第三条的规定，制定本办法。

第二条 集体商标、证明商标的注册和管理，依照商标法、《中华人民共和国商标法实施条例》（以下简称实施条例）和本办法的有关规定进行。

第三条 本办法有关商品的规定，适用于服务。

第四条 申请集体商标注册的，应当附送主体资格证明文件并应当详细说明该集体组织成员的名称和地址；以地理标志作为集体商标申请注册的，应当附送主体资格证明文件并应当详细说明其所具有的或者其委托的机构具有的专业技术人员、专业检测设备等情况，以表明其具有监督使用该地理标志商品的特定品质的能力。

申请以地理标志作为集体商标注册的团体、协会或者其他组织，应当由来自该地理标志标示的地区范围内的成员组成。

第五条　申请证明商标注册的，应当附送主体资格证明文件并应当详细说明其所具有的或者其委托的机构具有的专业技术人员、专业检测设备等情况，以表明其具有监督该证明商标所证明的特定商品品质的能力。

第六条　申请以地理标志作为集体商标、证明商标注册的，还应当附送管辖该地理标志所标示地区的人民政府或者行业主管部门的批准文件。

外国人或者外国企业申请以地理标志作为集体商标、证明商标注册的，申请人应当提供该地理标志以其名义在其原属国受法律保护的证明。

第七条　以地理标志作为集体商标、证明商标注册的，应当在申请书件中说明下列内容：

（一）该地理标志所标示的商品的特定质量、信誉或者其他特征；

（二）该商品的特定质量、信誉或者其他特征与该地理标志所标示的地区的自然因素和人文因素的关系；

（三）该地理标志所标示的地区的范围。

第八条　作为集体商标、证明商标申请注册的地理标志，可以是该地理标志标示地区的名称，也可以是能够标示某商品来源于该地区的其他可视性标志。

前款所称地区无需与该地区的现行行政区划名称、范围完全一致。

第九条　多个葡萄酒地理标志构成同音字或者同形字的，在这些地理标志能够彼此区分且不误导公众的情况下，每个地理标志都可以作为集体商标或者证明商标申请注册。

第十条　集体商标的使用管理规则应当包括：

（一）使用集体商标的宗旨；

（二）使用该集体商标的商品的品质；

（三）使用该集体商标的手续；

（四）使用该集体商标的权利、义务；

（五）成员违反其使用管理规则应当承担的责任；

（六）注册人对使用该集体商标商品的检验监督制度。

第十一条　证明商标的使用管理规则应当包括：

（一）使用证明商标的宗旨；

（二）该证明商标证明的商品的特定品质；

（三）使用该证明商标的条件；

（四）使用该证明商标的手续；

（五）使用该证明商标的权利、义务；

（六）使用人违反该使用管理规则应当承担的责任；

（七）注册人对使用该证明商标商品的检验监督制度。

第十二条 使用他人作为集体商标、证明商标注册的葡萄酒、烈性酒地理标志标示并非来源于该地理标志所标示地区的葡萄酒、烈性酒，即使同时标出了商品的真正来源地，或者使用的是翻译文字，或者伴有诸如某某"种"、某某"型"、某某"式"、某某"类"等表述的，适用商标法第十六条的规定。

第十三条 集体商标、证明商标的初步审定公告的内容，应当包括该商标的使用管理规则的全文或者摘要。

集体商标、证明商标注册人对使用管理规则的任何修改，应报经商标局审查核准，并自公告之日起生效。

第十四条 集体商标注册人的成员发生变化的，注册人应当向商标局申请变更注册事项，由商标局公告。

第十五条 证明商标注册人准许他人使用其商标的，注册人应当在一年内报商标局备案，由商标局公告。

第十六条 申请转让集体商标、证明商标的，受让人应当具备相应的主体资格，并符合商标法、实施条例和本办法的规定。

集体商标、证明商标发生移转的，权利继受人应当具备相应的主体资格，并符合商标法、实施条例和本办法的规定。

第十七条 集体商标注册人的集体成员，在履行该集体商标使用管理规则规定的手续后，可以使用该集体商标。

集体商标不得许可非集体成员使用。

第十八条 凡符合证明商标使用管理规则规定条件的，在履行该证明商标使用管理规则规定的手续后，可以使用该证明商标，注册人不得拒绝办理手续。

实施条例第六条第二款中的正当使用该地理标志是指正当使用该地理标志中的地名。

第十九条 使用集体商标的，注册人应发给使用人《集体商标使用证》；使用证明商标的，注册人应发给使用人《证明商标使用证》。

第二十条 证明商标的注册人不得在自己提供的商品上使用该证明商标。

第二十一条 集体商标、证明商标注册人没有对该商标的使用进行有效管理或者控制，致使该商标使用的商品达不到其使用管理规则的要求，对消费者造成损害的，由工商行政管理部门责令限期改正；拒不改正的，处以违法所得3倍以下的罚款，但最高不超过3万元；没有违法所得的，处以1万元以下的罚款。

第二十二条 违反实施条例第六条、本办法第十四条、第十五条、第十七条、第十八条、第二十条规定的，由工商行政管理部门责令限期改正；拒不改正的，处以违法所得 3 倍以下的罚款，但最高不超过 3 万元；没有违法所得的，处以 1 万元以下的罚款。

第二十三条 本办法自 2003 年 6 月 1 日起施行。国家工商行政管理局 1994 年 12 月 30 日发布的《集体商标、证明商标注册和管理办法》同时废止。

关于推动绿色食品生产资料
加快发展的意见

中绿〔2015〕23 号

(中国绿色食品发展中心 2015 年 2 月 26 日发布)

各地绿办（中心）①：

经过 20 多年的培育和发展，绿色食品已经成为我国优质、安全农产品和食品的精品品牌，绿色食品产业已经成长为一个规模巨大的新兴产业，绿色食品发展模式已经在示范引领农业标准化生产和环境友好型、资源节约型农业中发挥了积极的作用。但作为绿色食品产业发展重要物质保障的绿色食品生产资料（以下简称绿色生资），其开发和应用却明显滞后，存在总量规模较小、推广力度不够等突出问题，已成为我国绿色食品产业发展的一个重要制约因素，需要引起各地高度重视，采取有效措施，积极推动绿色生资加快发展。为此，现提出如下意见。

一、充分认识推动绿色生资加快发展的重要意义

绿色生资是指获得国家法定部门许可、登记，符合绿色食品投入品使用准则要求，可优先用于绿色食品生产加工，经中国绿色食品协会核准并许可使用特定绿色生资标志的安全、优质、环保生产投入品的统称。绿色生资的开发应用对于绿色食品持续健康发展具有重要意义。

（一）开发绿色生资是保障绿色食品优质、安全的有效途径

农业投入品的优质安全水平在很大程度上决定着绿色食品的优质安全水平。发展绿色生资是从源头上优化农业投入品结构，扩大优质安全投入品的市场供给，有利于夯实和丰富绿色食品发展的物质基础。

（二）使用绿色生资是促进绿色食品标准化生产的重要手段

绿色食品实行全程标准化生产模式，其中，投入品的正确选择和规范使用至关重

---

① 编者注：各地绿色食品工作机构，即绿色食品办公室（绿色食品发展中心），简称各地绿办（中心）。

要。绿色生资经第三方评价核准,符合绿色食品投入品使用准则的要求。使用绿色生资有利于落实科学施肥、合理用药、规范使用添加剂的相关制度规定,是促进绿色食品标准化生产的重要手段。

(三)推广绿色生资是建设绿色食品原料标准化基地的有力保障

基地建设覆盖面广、涉及农户多,投入品使用的监督管理压力大、任务重。在基地建设中统一推广绿色生资,向农户提供优质安全投入品,有利于规范投入品使用行为,减少质量安全隐患。

(四)发展绿色生资是建设现代农业的必然要求

2015年中央一号文件明确指出,我国农业必须走出产出高效、产品安全、资源节约、环境友好的现代农业发展道路。保护农业生态环境是绿色食品产业开发坚持的首要理念。发展绿色生资顺应了现代农业发展的新要求,有利于控制和减少农业面源污染,改善生态环境,并提升绿色食品的公信力和美誉度,促进绿色食品又好又快发展,在农业调结构、转方式中发挥更大的作用。

二、正确把握推动绿色生资加快发展的指导思想、目标和原则

(一)指导思想

今后一个时期,要紧紧围绕推动绿色食品持续健康发展的基本任务,紧密结合农产品质量安全管理工作,统筹谋划、广泛动员、强化服务、开拓市场,积极推动绿色生资开发与推广应用,扩大品牌影响力,提高市场占有率和产品竞争力,更好地满足绿色食品产业发展的需要,充分发挥绿色生资在保障和提升绿色食品质量安全方面的物质支撑作用。

(二)发展目标

通过积极推动,力争用3年左右时间,使绿色生资开发应用工作全面展开,覆盖到所有省份,绿色生资品牌影响力得到明显提升,全国绿色生资生产加工企业达到400家以上,产品突破1 000个,形成一批规模大、声誉好、引领作用强的绿色生资龙头企业。再用2年左右的时间,推动绿色生资开发应用步入持续稳定增长阶段,生产加工企业达到800家以上,产品达到2 000个以上,肥料、农药、饲料及饲料添加剂、兽药和食品添加剂等五大类绿色生资得到均衡发展,绿色生资和绿色食品开发及原料标准化生产基地建设协调发展的格局基本形成。

(三)基本原则

坚持统筹谋划、整体推进的原则。各地要把推动绿色生资开发应用纳入本地区绿色食品发展及原料标准化基地建设大格局统筹谋划,要把推动绿色生资发展纳入年度工作计划整体推进,要把相关人员队伍纳入绿色食品工作体系同步建设。

坚持质量优先、稳健发展的原则。优质、安全是绿色生资的生命和核心竞争力，必须始终放在第一位。各地要引导和促进绿色生资企业严格执行标准、严格控制质量、严格诚信经营，走重质量、守诚信的稳健发展道路。

坚持部门推动、市场运作的原则。各地要加强宣传发动、政策引导和市场对接，形成有利于绿色生资发展的政策环境和市场导向。同时，要坚持企业自主开发，认定机构公正评价，实行市场运作。

三、多措并举推动绿色生资加快发展

（一）加强领导，落实责任

绿色生资是绿色食品产业体系的重要组成部分，要把推动其加快发展纳入统一规划，摆上重要位置，和绿色食品的其他各项工作一并研究部署，明确目标任务，协调推进落实，加强督促检查。

（二）强化培训，壮大队伍

要将推动绿色生资发展的业务技术培训纳入绿色食品培训范畴，统筹安排培训计划，加强对相关人员在技术标准、业务知识等方面的培训，支持扩大队伍，提升素质，促进交流，推动工作。中国绿色食品协会定期组织举办的绿色生资培训，各地要组织相关人员积极参加。

（三）扩大宣传，提升形象

借助调研检查、工作交流、展销活动和网络媒体等多种形式加大对绿色生资的对外宣传推介力度，普及绿色生资的基本理念、市场前景等相关知识，宣传绿色生资发展动态和成效，扩大其在农业投入品行业中的品牌影响力，营造各方面关心支持绿色生资发展的良好氛围。

（四）积极推广，鼓励应用

各地要积极推动绿色生资的推广应用工作，大力促进绿色食品生产加工企业和原料标准化基地建设单位与绿色生资企业建立长期合作关系，稳定扩大绿色生资的应用，减少非绿色生资的市场采购量，降低质量安全风险。我中心将拿出专项资金以推动绿色生资的宣传、开发及推广应用。

（五）加强考核，鼓励先进

各地要将推动绿色生资发展纳入绿色食品年度工作考核范围，形成推动工作和绩效评价的长效机制。我中心将对推动绿色生资发展情况进行定期考核，并对业绩突出的单位和个人予以表彰和奖励。

（六）部门合作，借力发展

各地要积极与肥料、农药、饲料、兽药、添加剂行业管理部门、监测机构等加强工作交流与合作，主动通报情况，争取理解支持；要积极参与相关专业展览、工作交流等活动，扩大绿色生资的宣传与影响。通过多种方式借助部门力量，引导有实力、影响大、管理规范的大中型生产企业和经销企业参与绿色生资开发和市场营销。

绿色食品生产资料标志管理办法

（中国绿色食品协会 2012 年 9 月 13 日发布）

第一章 总 则

第一条 为了加强绿色食品生产资料（以下简称绿色生资）标志管理，保障绿色生资的质量，促进绿色食品事业发展，依据《中华人民共和国商标法》《中华人民共和国农产品质量安全法》《绿色食品标志管理办法》等相关规定，制定本办法。

第二条 本办法中所称绿色生资，是指获得国家法定部门许可、登记，符合绿色食品生产要求以及本办法规定，经中国绿色食品协会（以下简称协会）审核，许可使用特定绿色生资标志的生产投入品。

第三条 绿色生资标志是在国家工商行政管理总局商标局注册的证明商标，协会是绿色生资商标的注册人，其专用权受《中华人民共和国商标法》保护。

第四条 绿色生资标志用以标识和证明适用于绿色食品生产的生产资料。

第五条 绿色生资管理实行证明商标使用许可制度。协会按照本办法规定对符合条件的生资企业及其产品实施标志使用许可。未经协会审核许可，任何单位和个人无权使用绿色生资标志。

第六条 绿色生资标志使用许可的范围包括肥料、农药、饲料及饲料添加剂、兽药、食品添加剂，以及其他与绿色食品生产相关的生产投入品。

第七条 协会负责制定绿色生资标志使用管理规则，组织开展标志使用许可的审核和管理工作。省级绿色食品工作机构负责受理所辖区域内使用绿色生资标志的申请、现场检查、材料审核和监督管理工作。

第八条 各级绿色食品工作机构应积极组织开展绿色生资推广、应用与服务工作，鼓励和引导绿色食品企业和绿色食品原料标准化生产基地优先使用绿色生资。

第二章　标志许可

第九条　凡具有法人资格，并获得相关行政许可的生资企业，可作为绿色生资标志使用的申请人。

第十条　申请使用绿色生资标志的产品（以下简称用标产品）必须同时符合下列条件：

（一）经国家法定部门检验、登记；

（二）质量符合相关的国家、行业、地方技术标准，符合绿色食品生产资料使用准则，不造成使用对象产生和积累有害物质，不影响人体健康；

（三）有利于保护和促进使用对象的生长，或有利于保护和提高使用对象的品质；

（四）生产符合环保要求，在合理使用的条件下，对生态环境无不良影响；

（五）非转基因产品和以非转基因原料加工的产品。

第十一条　申请和审核程序：

（一）申请人向省级绿色食品工作机构提出申请，并提交《绿色食品生产资料标志使用申请书》及相关材料（一式两份）。有关申请资料可通过协会网站（www. greenfood. agri. cn/lsspxhpd）或中国绿色食品网（www. greenfood. agri. cn）下载。

（二）省级绿色食品工作机构在 10 个工作日内完成对申请材料的初审。初审符合要求的，组织绿色生资管理员在 20 个工作日内对申请用标企业及产品的原料来源、投入品使用和质量管理体系等进行现场检查。初审和现场检查不符合要求的，做出整改或暂停审核决定。

（三）协会在 20 个工作日内完成对省级绿色食品工作机构提交的初审合格材料和现场检查报告的复审。在复审过程中，协会可根据有关生产资料行业风险预警情况，委托省级绿色食品工作机构和具有法定资质的监测机构对申请用标产品组织开展常规检项之外的专项检测，检测费用由申请使用绿色生资标志的企业（以下简称用标企业）承担。

（四）复审合格的，协会组织绿色生资专家评审委员会在 15 个工作日内完成对申请用标产品的评审。复审不合格的，协会在 10 个工作日内书面通知申请用标企业，并说明理由。

（五）协会依据绿色生资专家评审委员会的评审意见，在 15 个工作日内作出审核结论。

第十二条　审核结论合格的，申请用标企业与协会签订《绿色食品生产资料标志商标使用许可合同》（以下简称《合同》）。审核结论不合格的，协会在 10 个工作日内书面通知申请企业，并说明理由。

第十三条　按照《合同》约定，申请用标企业须向协会分别缴纳绿色生资标志使用许可审核费和管理费。

第十四条　完成上述事项后，由协会颁发《绿色食品生产资料标志使用证》（以下简称《使用证》）。

第十五条　协会对获得绿色生资标志使用许可的产品（以下简称获证产品）予以公告。公告内容包括获证产品名称、编号、商标和企业名称。

第三章　标志使用

第十六条　获证产品应在其包装上使用绿色生资标志和绿色生资产品编号。具体使用式样参照《绿色食品生产资料证明商标设计使用规范》执行。

第十七条　绿色生资标志产品编号形式及含义如下：

LSSZ	──	××	──	××	××	××	××××
绿色		产品		核准	核准	省份	产品
生资		类别		年份	月份	（国别）	序号

省份代码按全国行政区划的序号编码；国外产品，从 51 号开始，按各国第一个产品获证的先后为序依次编码。

产品编号在绿色生资标志连续许可使用期间不变。

第十八条　获得绿色生资标志许可使用的企业（以下简称获证企业）可在其获证产品的包装、标签、广告、说明书上使用绿色生资标志及产品编号。标志和产品编号使用范围仅限于核准使用的产品和数量，不得擅自扩大使用范围，不得将绿色生资标志及产品编号转让或许可他人使用，不得进行导致他人产生误解的宣传。

第十九条　获证产品的包装标签必须符合国家相关标准和规定。

第二十条　绿色生资标志许可使用权自核准之日起 3 年内有效，到期愿意继续使用的，须在有效期满前 90 天提出续展申请。逾期视为放弃续展，不得继续使用绿色生资标志。

第二十一条　《使用证》所载产品名称、商标名称、单位名称和核准产量等内容发生变化，获证企业应及时向协会申请办理变更手续。

第二十二条　获证企业如丧失绿色生资生产条件，应在 1 个月内向协会报告，办理停止使用绿色生资标志的有关手续。

第四章　监督管理

第二十三条　协会负责组织绿色生资产品质量抽检，指导省级绿色食品工作机构开展企业年度检查和标志使用监察等监管工作。

第二十四条　省级绿色食品工作机构按照属地管理原则，负责本地区的绿色生资企业年度检查、标志使用监察和产品质量监督管理工作，定期对所辖区域内获证的企业和产品质量、标志使用等情况进行监督检查。

第二十五条　获证企业有下列情况之一的，由省级绿色食品工作机构作出整改决定：

（一）获证产品未按规定使用绿色生资标志、产品编号的；

（二）获证产品的产量（指实际销售量）超过核准产量的；

（三）违反《合同》有关约定的。

整改期限为1个月，整改合格的，准予继续使用绿色生资标志；整改不合格的，由省级绿色食品工作机构报请协会取消相关产品绿色生资标志使用权。

第二十六条　对发生下列情况之一的获证企业，由协会对其作出取消绿色生资标志使用权的决定，并予以公告：

（一）许可使用绿色生资标志产品不能持续符合绿色生资技术规范要求的；

（二）违规添加绿色生资禁用品的；

（三）擅自全部或部分采用未经协会核准的原料或擅自改变产品配方的；

（四）未在规定期限内整改合格的；

（五）丧失有关法定资质的；

（六）将绿色生资标志用于其他未经核准的产品或擅自转让、许可他人使用的；

（七）违反《合同》有关约定的。

第二十七条　获证企业自动放弃或被取消绿色生资标志使用权后，由协会收回其《使用证》。

第二十八条　获证企业应当严格遵守绿色生资标志许可条件和监管制度，建立健全质量控制追溯体系，对其生产和销售的获证产品的质量负责。

第二十九条　任何单位和个人不得伪造、冒用、转让、买卖绿色生资标志和《使用证》。

第三十条　从事绿色生资标志管理的工作人员应严格依据绿色生资许可条件和管理制度，客观、公正、规范地开展工作。凡因未履行职责导致发生重大质量安全事件的，依据国家相关规定追究其相应的责任。

第五章 附 则

第三十一条 协会依据本办法制定相应实施细则。

第三十二条 境外生资企业及其产品申请绿色生资标志使用许可的有关办法，由协会另行制定。

第三十三条 本办法由协会负责解释。

第三十四条 本办法自颁布之日起施行，原《绿色食品生产资料标志管理办法》及其实施细则同时废止。

绿色食品生产资料标志含义：绿色外圆，代表安全、有效、环保，象征绿色生资保障绿色食品产品质量、保护农业生态环境的理念；中间向上的三片绿叶，代表绿色食品种植业、养殖业、加工业，象征绿色食品产业蓬勃发展；基部橘黄色实心圆点为图标的核心，代表绿色食品生产资料，象征绿色食品发展的物质技术条件。

附图 绿色食品生产资料标志

绿色食品生产资料标志管理办法
实施细则（肥料）

（中国绿色食品协会 2012 年 9 月 13 日发布）

第一章　总　则

第一条　根据《绿色食品生产资料标志管理办法》（以下简称《管理办法》），制定本细则。

第二条　本细则适用于申请使用绿色食品生产资料标志（以下简称绿色生资标志）的肥料产品，包括有机肥料、微生物肥料、有机无机复混肥料、微量元素水溶肥料、含腐殖酸水溶肥料、含氨基酸水溶肥料、中量元素肥料、土壤调理剂，以及农业部登记管理的、适用于绿色食品生产的其他肥料。

第二章　标志许可

第三条　申请使用绿色生资标志的肥料产品必须具备下列条件：

（一）企业在农业部或农业部授权的有关单位办理登记手续，取得《肥料正式登记证》或《肥料临时登记证》。

（二）产品符合《绿色食品　肥料使用准则》（NY/T 394）要求。

第四条　申请人应向省级绿色食品工作机构提交《绿色食品生产资料标志使用申请书》和下列材料（一式两份）：

（一）企业营业执照复印件；

（二）产品《肥料正式登记证》或《肥料临时登记证》复印件；

（三）产品安全性资料，包括毒理试验报告、杂质（主要重金属）限量、卫生指标（大肠杆菌、蛔虫卵死亡率）；产品中添加微生物成分的应提供使用的微生物种类（拉丁种、属名）及具有法定资质的检测机构出具的菌种安全鉴定报告复印件。已获农业部登记的微生物肥料所用菌种可免于提供；

（四）县级以上环保行政主管部门出具的环保合格证明；

（五）外购肥料原料的，提交购买合同及购买发票复印件；

（六）产品执行标准复印件；

（七）具备法定资质的质量监测机构出具的一年内的产品质量检验报告复印件；

（八）田间试验效果报告复印件；

（九）产品商标注册证复印件；

（十）产品包装标签及产品使用说明书；

（十一）企业质量管理手册；

（十二）系列产品中，绿色生资与非绿色生资生产全过程（从原料到成品）区分管理制度；

（十三）产品实行委托检验的，需提交委托检验协议和被委托单位资质证明复印件；

（十四）其他需提交的材料。

第五条　同类产品中，产品的成分、配比、名称、商标等不同的，按不同产品分别申报。

第六条　审核程序如下。

（一）省级绿色食品工作机构收到申请材料后，10 个工作日内完成初审工作。初审内容包括：

1. 材料审查。①申报产品是否符合本细则第三条规定的条件；②申请材料是否齐全、规范；③同类产品中的不同产品是否按第五条的规定分别申报；④产品有效成分及其他成分是否明确、安全，有效成分及杂质等含量是否符合绿色生资的要求；⑤企业质量管理机构和制度是否完备。

材料不齐备的，企业应于 10 个工作日内补齐。

2. 现场检查。初审符合要求的，省级绿色食品工作机构组织绿色生资管理员在 20 个工作日内对申请用标企业及产品的原料来源、投入品使用和质量管理体系等进行现场检查。文审和现场检查不符合要求的，作出整改或暂停审核决定。

（二）文审和现场检查合格的，报送中国绿色食品协会（以下简称协会）。

（三）协会收到初审材料后，在 20 个工作日内完成复审。

1. 企业需补充材料的，应在 20 个工作日内，按审核通知单要求将申报材料补齐。

2. 需加检的产品，由省级绿色食品工作机构负责抽样，送检。

3. 必要时，协会可派人赴企业检查，复审时限可相应延长。

（四）复审合格的，协会组织绿色生资专家评审委员会在 15 个工作日内完成对申请用标产品的评审。复审不合格的，协会在 10 个工作日内书面通知申请用标企业，并说明理由。

（五）协会依据绿色生资专家评审委员会的评审意见，在 15 个工作日内作出审核结论。

第七条 审核合格的，申请用标企业与协会签订《绿色食品生产资料标志商标使用许可合同》。

第八条 按照《合同》约定，申请用标企业须向协会缴纳绿色生资标志许可审核费和管理费。

第九条 完成上述事项后，由协会颁发《绿色食品生产资料标志使用证》（以下简称《使用证》），并对获得绿色生资标志使用许可的产品（以下简称获证产品）予以公告。

第三章 标志使用

第十条 绿色生资肥料产品的类别编号为 01，编号形式及含义如下：

LSSZ	——	01	——	××	××	××	××××
绿色生资		产品类别		核准年份	核准月份	省份（国别）	当年序列号

第十一条 获证产品的包装标签必须符合国家相关标准和规定，标明适用作物的种类，并按《绿色食品生产资料证明商标设计使用规范》要求，正确使用绿色食品生产资料标志。

第四章 监督管理

第十二条 在协会指导下，省级绿色食品工作机构定期对获得绿色生资标志使用许可的企业（以下简称获证企业）进行监督管理，实施年度检查、产品质量抽检和标志使用监察等工作。

第十三条 企业年度检查由省级绿色食品工作机构对获证企业进行现场检查，内容包括：

（一）生产过程及生产车间、产品质量检验室、库房等相关场所；

（二）生产厂区的环境及环保状况；

（三）查阅有关档案材料及票据，包括不同批次产品的原料配比及投料单、原料和产品的出入库凭证；

（四）规范用标情况；

（五）产品销售、使用效果及安全信息反馈情况。

第十四条 绿色生资产品质量监督抽检计划由协会制定，并下达有关质量监测机构和省级绿色食品工作机构，产品抽样工作由省级绿色食品工作机构协助监测机构完成。监测机构将检验报告分别提交协会、省级绿色食品工作机构和有关获证企业。

检测结果关键项目一项不合格的，取消绿色生资标志使用权；非关键项目不合格的，限期整改。获证企业对检测结果有异议的，可以提出复检要求，复检费用自付。

第十五条 获证产品的《肥料正式登记证》《肥料临时登记证》被吊销，绿色生资标志许可也随之失效。

第十六条 当获证企业发生《管理办法》第二十五条中所列问题时，由省级绿色食品工作机构作出整改决定。整改期限为 1 个月，整改合格的，准予继续使用绿色生资标志；整改不合格的，由省级绿色食品工作机构报请协会，并由协会取消相关产品绿色生资标志使用权。

第十七条 当获证企业发生《管理办法》第二十六条中所列问题时，由协会作出取消绿色生资标志使用权的决定，并予以公告。

第五章　附　则

第十八条 本细则由协会负责解释。

第十九条 本细则自颁布之日起施行。

绿色食品生产资料标志管理办法
实施细则（农药）

（中国绿色食品协会 2012 年 9 月 13 日发布）

第一章　总　则

第一条　根据《绿色食品生产资料标志管理办法》（以下简称《管理办法》），制定本细则。

第二条　本细则适用于申请使用绿色食品生产资料标志（以下简称绿色生资标志）的农药产品，包括低毒的生物农药、矿物源农药，以及部分低毒、低残留有机合成农药等符合《绿色食品　农药使用准则》（NY/T 393）的农药产品。

第二章　标志许可

第三条　申请使用绿色生资标志的农药产品必须具备下列条件：

（一）企业在农业部农药检定所办理检验登记手续，获得农药登记证，并在有效期内；

（二）产品符合《绿色食品　农药使用准则》（NY/T 393）要求。

第四条　申请人应向省级绿色食品工作机构提交《绿色食品生产资料标志使用申请书》和下列材料（一式两份）：

（一）企业营业执照复印件；

（二）相关产品《工业产品生产许可证》（批准证书）复印件；

（三）农业部颁发的《农药登记证》复印件；

（四）原药的《生产许可证》及《农药登记证》复印件；

（五）县级以上环保行政主管部门出具的环保合格证明；

（六）外购原药和助剂的，提交购买合同及购买发票复印件；

（七）产品执行标准复印件；

（八）具备法定资质的质量监测机构出具的一年内的产品质量检验报告复印件；

（九）产品商标注册证复印件；

（十）产品包装标签及产品使用说明书；

（十一）企业质量管理手册；

（十二）同类不同剂型产品中，绿色生资与非绿色生资生产全过程（从原料到成品）区分管理制度；

（十三）农业部公告的农药登记试验单位出具的田间药效试验报告、毒理等试验报告、农药残留试验报告和环境影响试验报告复印件，若无，说明理由。

（十四）其他需提交的材料。

第五条　同类产品中，产品的剂型、名称、商标等不同的，按不同产品分别申报。

第六条　审核程序如下。

（一）省级绿色食品工作机构收到申请材料后，10 个工作日内完成初审工作。初审内容包括：

1. 材料审查。①申报产品是否符合本细则第三条规定的条件；②申请材料是否齐全、规范；③同类产品中的不同产品是否按第五条的规定分别申报；④产品成分是否明确、完全，是否混配，有效成分及其他成分含量是否符合相关标准及绿色生资的要求，剂型是否标明；⑤企业质量管理机构和制度是否完备。

材料不齐备的，企业应于 10 个工作日内补齐。

2. 现场检查。初审符合要求的，省级绿色食品工作机构组织绿色生资管理员在 20 个工作日内对申请用标企业及产品的原料来源、投入品使用和质量管理体系等进行现场检查。文审和现场检查不符合要求的，作出整改或暂停审核决定。

（二）文审和现场检查合格的，报送协会。

（三）协会收到初审材料后，在 20 个工作日内完成复审。

1. 企业需补充材料的，应在 20 个工作日内，按审核通知单要求将申报材料补齐；

2. 需加检的产品，由省级绿色食品工作机构负责抽样，送检；

3. 必要时，协会可派人赴企业检查，复审时限可相应延长。

（四）复审合格的，协会组织绿色生资专家评审委员会在 15 个工作日内完成对申请用标产品的评审。复审不合格的，协会在 10 个工作日内书面通知申请用标企业，并说明理由。

（五）协会依据绿色生资专家评审委员会的评审意见，在 15 个工作日内做出审核结论。

第七条 审核合格的，申请用标企业与协会签定《绿色食品生产资料标志商标使用许可合同》。

第八条 按照《合同》约定，申请用标企业须向协会缴纳绿色生资标志许可审核费和管理费。

第九条 完成上述事项后，由协会颁发《绿色食品生产资料标志使用证》（以下简称《使用证》），并对获得绿色生资标志使用许可的产品（以下简称获证产品）予以公告。

第三章 标志使用

第十条 绿色生资农药产品的类别编号为02，编号形式如下：

LSSZ —— 02 —— ×× ×× ×× ××××

绿色	产品	核准	核准	省份	当年
生资	类别	年份	月份	（国别）	序列号

第十一条 获证产品的包装标签必须符合国家相关标准和规定，并按《绿色食品生产资料证明商标设计使用规范》要求，正确使用绿色食品生产资料标志。有机合成农药产品标签应依照《绿色食品 农药使用准则》的规定，标明"用于绿色食品生产，在一种作物的生长期内只允许使用一次"的字样。

第四章 监督管理

第十二条 在协会指导下，省级绿色食品工作机构定期对获得绿色生资标志使用许可的企业（以下简称获证企业）进行监督管理，实施年度检查、产品质量抽检和标志使用监察等工作。

企业年检由省级绿色食品工作机构对获证企业进行现场检查，内容包括：

（一）生产过程及生产车间、产品质量检验室、库房等相关场所；

（二）生产厂区的环境及环保状况；

（三）查阅有关档案材料及票据，包括不同批次产品的原料配比及投料单、原料和产品的出入库凭证；

（四）规范用标情况；

（五）产品销售、使用效果及安全信息反馈情况。

第十三条 绿色生资产品质量监督抽检计划由协会制定，并下达有关质量监测机构和省级绿色食品工作机构，产品抽样工作由省级绿色食品工作机构协助监测机构完成。

第十四条 监测机构将检验报告分别提交协会、省级绿色食品工作机构和有关获证企业。

第十五条 企业的《农药登记证》《生产许可证》被吊销，绿色生资标志许可也随之失效。

第十六条 当获证企业发生《管理办法》第二十五条中所列问题时，由省级绿色食品工作机构作出整改决定。整改期限为 1 个月，整改合格的，准予继续使用绿色生资标志；整改不合格的，由省级绿色食品工作机构报请协会取消相关产品绿色生资标志使用权。

第十七条 当获证企业发生《管理办法》第二十六条中所列问题时，由协会作出取消绿色生资标志使用权的决定，并予以公告。

第五章 附 则

第十八条 本细则由协会负责解释。

第十九条 本细则自颁布之日起施行。

绿色食品生产资料标志管理办法
实施细则（饲料及饲料添加剂）

（中国绿色食品协会 2012 年 9 月 13 日发布）

第一章　总　则

第一条　根据《绿色食品生产资料标志管理办法》（以下简称《管理办法》），制定本细则。

第二条　本细则适用于申请使用绿色食品生产资料标志（以下简称绿色生资标志）的饲料和饲料添加剂产品，包括供各种动物食用的单一饲料（包括牧草）、饲料添加剂及添加剂预混合饲料、浓缩饲料、配合饲料和精料补充料。

第二章　标志许可

第三条　申请使用绿色生资标志的饲料及饲料添加剂产品必须具备下列条件：

（一）符合国务院颁布的《饲料和饲料添加剂管理条例》中相关规定；生产企业获得国务院农业行政主管部门或省级饲料管理部门核发的《生产许可证》；申请用标产品获得省级饲料管理部门核发的产品批准文号；

（二）饲料原料、饲料添加剂品种应在国务院农业行政主管部门公布的目录之内，且使用范围和用量要符合相关标准的规定；

（三）产品符合《绿色食品畜禽饲料及饲料添加剂使用准则》（NY/T 471）和《绿色食品渔业饲料及饲料添加剂使用准则》（NY/T 2112）规定的要求；

（四）非工业化加工生产的饲料及饲料添加剂产品的产地生态环境良好，达到绿色食品的质量要求。

第四条　申请人应向省级绿色食品工作机构提交《绿色食品生产资料标志使用申请书》和下列材料（一式两份）：

（一）企业营业执照复印件；

（二）企业《生产许可证》和产品批准文号复印件；

（三）动物源性饲料产品《安全合格证》复印件；新饲料添加剂《产品证书》复印件；

（四）处于监测期内的新饲料和新饲料添加剂《产品证书》复印件和该产品的《毒理学安全评价报告》《效果验证试验报告》复印件；

（五）县级以上环保行政主管部门出具的环保合格证明；

（六）以绿色食品产品或绿色食品原料标准化生产基地产品为原料的，须提交相关证书、采购合同及购买发票复印件；

（七）自建、自用原料基地的产品，须提交具备法定资质的监测机构出具的产地环境质量监测及现状评价报告和本年度内的产品检验报告、生产操作规程、基地和农户清单、基地与农户订购合同（协议）；

（八）产品生产工艺、操作规程、质量管理制度；原料需加工的，也须提供以上材料，若委托加工的，还需提交委托加工协议和管理制度；

（九）产品原料需外购的，提交购买合同及购买发票复印件；复合维生素产品要提交标签原件；进口原料需提交饲料、饲料添加剂进口登记证；

（十）产品执行标准复印件；

（十一）具备法定资质的质量监测机构出具的一年内的产品质量检验报告复印件；

（十二）产品商标注册证复印件；

（十三）产品包装标签及产品使用说明书；

（十四）企业质量管理手册；

（十五）系列产品中，绿色生资与非绿色生资生产全过程（从原料到成品）区分管理制度；

（十六）其他需提交的材料。

第五条 同类产品中，产品的成分、配比、名称、商标等不同的，按不同产品分别申报。

第六条 审核程序如下。

（一）省级绿色食品工作机构收到申请材料后，10 个工作日内完成初审工作。初审内容包括：

1. 材料审查。①申报产品是否符合本细则第三条规定的条件；②申请材料是否齐全、规范；③同类产品中的不同产品是否按第五条的规定分别申报；④产品成分是否明确、完全；有效成分及杂质等含量是否符合绿色生资的要求；⑤企业质量管理机构和制度是否完备。

材料不齐备的，企业应于 10 个工作日内补齐。

2. 现场检查。初审符合要求的，省级绿色食品工作机构组织绿色生资管理员在 20 个工作日内对申请用标企业及产品的原料来源、投入品使用和质量管理体系等进行现场检查。文审和现场检查不符合要求的，作出整改或暂停审核决定。

（二）文审和现场检查合格的，由省级绿色食品工作机构组织签署意见，报送中国绿色食品协会（以下简称协会）。

（三）协会收到初审材料后，在 20 个工作日内完成复审。

1. 企业需补充材料的，应在 20 个工作日内，按审核通知单要求将申报材料补齐；

2. 需加检的产品，由省级绿色食品工作机构负责抽样，送协会指定的机构检测，检测费用由企业承担；

3. 必要时，协会可派人赴企业检查，复审时限可相应延长。

（四）复审合格的，协会组织绿色生资专家评审委员会在 15 个工作日内完成对申请用标产品的评审。复审不合格的，协会在 10 个工作日内书面通知申请企业，并说明理由。

（五）协会依据绿色生资专家评审委员会的评审意见，在 15 个工作日内作出审核结论。

第七条 审核合格的，申请用标企业与协会签定《绿色食品生产资料标志商标使用许可合同》。

第八条 按照《合同》约定，申请用标企业须向协会缴纳绿色生资标志许可审核费和管理费。

第九条 完成上述事项后，由协会颁发《绿色食品生产资料标志使用证》（以下简称《使用证》），并对获得绿色生资标志使用许可的产品（以下简称获证产品）予以公告。

第三章 标志使用

第十条 绿色生资饲料及饲料添加剂产品的类别编号为"03"，编号形式如下：

LSSZ	——	03	——	××	××	××	××××
绿色		产品		核准	核准	省份	当年
生资		类别		年份	月份	（国别）	序列号

第十一条 获证产品的包装标签必须符合国家相关标准和规定，并按《绿色食品生产资料证明商标设计使用规范》要求，正确使用绿色食品生产资料标志。

第四章　监督管理

第十二条　在协会指导下，省级绿色食品工作机构定期对获得绿色生资标志使用许可的企业（以下简称获证企业）进行监督管理，实施年度检查、产品质量抽检和标志使用监察等工作。

企业年检由省级绿色食品工作机构对获证企业进行现场检查，内容包括：

（一）生产过程及生产车间、产品质量检验室、库房等相关场所；

（二）生产厂区的环境及环保状况；

（三）查阅有关档案材料及票据，包括不同批次产品的原料配比及投料单、原料和产品的出入库凭证；

（四）规范用标情况；

（五）产品销售、使用效果及质量安全信息反馈情况。

第十三条　绿色生资产品质量监督抽检计划由协会制定，并下达有关质量监测机构和省级绿色食品工作机构，产品抽样工作由省级绿色食品工作机构协助监测机构完成。

第十四条　监测机构将检验报告分别提交协会、省级绿色食品工作机构和有关获证企业。

第十五条　获证企业的《生产许可证》、产品批准文号、新饲料饲料添加剂证书、所用原料的饲料添加剂进口登记证等任一证书被吊销，绿色生资标志许可也随之失效。

第十六条　当获证企业发生《管理办法》第二十五条中所列问题时，由省级绿色食品工作机构作出整改决定。整改期限为 1 个月，整改合格的，准予继续使用绿色生资标志；整改不合格的，由省级绿色食品工作机构报请协会，并由协会取消相关产品绿色生资标志使用权。

第十七条　当获证企业发生《管理办法》第二十六条中所列问题时，由协会作出取消绿色生资标志使用权的决定，并予以公告。

第五章　附　则

第十八条　本细则由协会负责解释。

第十九条　本细则自颁布之日起施行。

绿色食品生产资料标志管理办法
实施细则（食品添加剂）

（中国绿色食品协会 2012 年 9 月 13 日发布）

第一章　总　则

第一条　根据《绿色食品生产资料标志管理办法》（以下简称《管理办法》），制定本细则。

第二条　本细则适用于申请使用绿色食品生产资料标志（以下简称绿色生资标志）、符合绿色食品生产要求的食品添加剂产品。

第二章　标志许可

第三条　申请使用绿色生资标志的食品添加剂产品必须具备下列条件：

（一）企业取得省级产品质量监督部门颁发的《生产许可证》；

（二）产品符合《食品安全国家标准 食品添加剂使用标准》（GB 2760）规定的品种及使用范围；

（三）产品符合《绿色食品 食品添加剂使用准则》（NY/T 392）要求；

（四）产品符合《食品企业通用卫生规范》或《食品添加剂生产企业卫生规范》。

第四条　申请人应向省级绿色食品工作机构提交《绿色食品生产资料标志使用申请书》和下列材料（一式两份）：

（一）企业营业执照复印件；

（二）企业《生产许可证》复印件；

（三）微生物制品提交具备法定资质的检测机构出具的有效菌种的安全鉴定报告复印件；

（四）复合食品添加剂提交产品配方等相关资料；

（五）县级以上环保行政主管部门出具的环保合格证明；

（六）以绿色食品产品或绿色食品原料标准化生产基地产品为原料的，须提交相关证书、采购合同及购买发票复印件；

（七）自建、自用原料基地的产品，须提交具备法定资质的监测机构出具的产地环境质量监测及现状评价报告和本年度内的产品检验报告、生产操作规程、基地和农户清单、基地与农户订购合同（协议）；

（八）外购原料的，提交购买合同及购买发票复印件；

（九）产品执行标准复印件；

（十）具备法定资质的质量监测机构出具的一年内的产品质量检验报告复印件；

（十一）产品商标注册证复印件；

（十二）产品应用效果试验报告复印件；

（十三）产品包装标签及产品使用说明书；

（十四）企业质量管理手册；

（十五）系列产品中，绿色生资与非绿色生资生产全过程（从原料到成品）区分管理制度；

（十六）其他需提交的材料。

第五条　同类产品中，产品的品种、名称、商标等不同的，按不同产品分别申报。

第六条　审核程序如下。

（一）省级绿色食品工作机构收到申请材料后，10个工作日内完成初审工作。初审内容包括：

1. 材料审查。①申报产品是否符合本细则第三条规定的条件；②申请材料是否齐全、规范；③同类产品中的不同产品是否按第五条的规定分别申报；④产品成分是否明确、完全；有效成分及杂质等含量是否符合绿色生资的要求；⑤企业质量管理机构和制度是否完备。

材料不齐备的，企业应于10个工作日内补齐。

2. 现场检查。初审符合要求的，省级绿色食品工作机构组织绿色生资管理员在20个工作日内对申请用标企业及产品的原料来源、投入品使用和质量管理体系等进行现场检查。文审和现场检查不符合要求的，作出整改或暂停审核决定。

（二）文审和现场检查合格的，报送中国绿色食品协会（以下简称协会）。

（三）协会收到初审材料后，在20个工作日内完成复审。

1. 企业需补充材料的，应在20个工作日内，按审核通知单要求将申报材料补齐。

2. 需加检的产品，由省级绿色食品工作机构负责抽样，送检。

3. 必要时，协会可派人赴企业检查，复审时限可相应延长。

（四）复审合格的，协会组织绿色生资专家评审委员会在15个工作日内完成对申请用标产品的评审。复审不合格的，协会在10个工作日内书面通知申请企业，并说明理由。

（五）协会依据绿色生资专家评审委员会的评审意见，在15个工作日内作出审核结论。

第七条 审核合格的，申请用标企业与协会签订《绿色食品生产资料标志商标使用许可合同》。

第八条 按照《合同》约定，申请用标企业须向协会缴纳绿色生资标志许可审核费和管理费。

第九条 完成上述事项后，由协会颁发《绿色食品生产资料标志使用证》（以下简称《使用证》），并对获得绿色生资标志使用许可的产品（以下简称获证产品）予以公告。

第三章　标志使用

第十条 绿色生资食品添加剂产品的类别编号为05，编号形式如下：

LSSZ	——	05	——	××	××	××	××××
绿色		产品		核准	核准	省份	当年
生资		类别		年份	月份	（国别）	序列号

第十一条 获证产品的包装标签必须符合国家法律、法规的规定，并符合相关标准的规定；并按《绿色食品生产资料证明商标设计使用规范》要求，正确使用绿色食品生产资料标志。

第四章　监督管理

第十二条 在协会指导下，省级绿色食品工作机构定期对获得绿色生资标志使用许可的企业（以下简称获证企业）进行监督管理，实施年度检查、产品质量抽检和标志使用监察等工作。

企业年检由省级绿色食品工作机构对获证企业进行现场检查，内容包括：

（一）生产过程及生产车间、产品质量检验室、库房等相关场所。

（二）生产厂区的环境及环保状况。

（三）查阅有关档案材料及票据，包括不同批次产品的原料配比及投料单、原料和产品的出入库凭证。

（四）规范用标情况。

（五）产品销售、使用效果及安全信息反馈情况。

第十三条 绿色生资产品质量监督抽检计划由协会制定，并下达有关质量监测机构和省级绿色食品工作机构，产品抽样工作由省级绿色食品工作机构协助监测机构完成。

第十四条 监测机构将检验报告分别提交协会、省级绿色食品工作机构和有关获证企业。

第十五条 获证企业的《生产许可证》被吊销，绿色生资标志许可也随之失效。

第十六条 当获证企业发生《管理办法》第二十五条中所列问题时，由省级绿色食品工作机构作出整改决定。整改期限为 1 个月，整改合格的，准予继续使用绿色生资标志；整改不合格的，由省级绿色食品工作机构报请协会，并由协会取消相关产品绿色生资标志使用权。

第十七条 当获证企业发生《管理办法》第二十六条中所列问题时，由协会作出取消绿色生资标志使用权的决定，并予以公告。

第五章 附 则

第十八条 本细则由协会负责解释。

第十九条 本细则自颁布之日起施行。

绿色食品生产资料标志管理办法
实施细则（兽药）

（中国绿色食品协会 2012 年 9 月 13 日发布）

第一章　总　则

第一条　根据《绿色食品生产资料标志管理办法》（以下简称《管理办法》），制定本细则。

第二条　本细则适用于申请使用绿色食品生产资料标志（以下简称绿色生资标志）的兽药产品，包括国家兽医行政管理部门批准的微生态制剂和中药制剂；高效、低毒和低环境污染的消毒剂；无最高残留限量规定、无停药期规定的兽药产品。

第二章　标志许可

第三条　申请使用绿色生资标志的兽药产品必须具备下列条件：

（一）企业取得国务院兽医行政部门颁发的《兽药生产许可证》和产品批准文件；

（二）产品符合《绿色食品　兽药使用准则》（NY/T 472）要求。

第四条　申请人应向省级绿色食品工作机构提交《绿色食品生产资料标志使用申请书》和下列材料（一式两份）：

（一）企业营业执照复印件；

（二）企业《兽药生产许可证》和产品批准文号复印件；

（三）《兽药 GMP 证书》复印件；

（四）县级以上环保行政主管部门出具的环保合格证明；

（五）产品毒理学安全评价报告和效果验证试验报告复印件（新兽药提供）；

（六）产品执行标准复印件；

（七）具备法定资质的质量监测机构出具的一年内的产品质量检验报告复印件；

（八）产品商标注册证复印件，未注册商标的，说明情况；

（九）产品包装标签及产品使用说明书；

（十）企业管理手册；

（十一）产品包装标签及产品使用说明书；

（十二）其他需提交的材料。

第五条　同类产品中，产品的剂型、名称、商标等不同的，按不同产品分别申报。

第六条　审核程序如下。

（一）省级绿色食品工作机构收到申请材料后，10 个工作日内完成初审工作。初审内容包括：

1. 材料审查。①申报产品是否符合本细则第三条规定的条件；②申请材料是否齐全、规范；③同类产品中的不同产品是否按第五条的规定分别申报；④产品成分是否明确、完全；有效成分及杂质等含量是否符合绿色生资的要求；⑤企业质量管理机构和制度是否完备。

材料不齐备的，企业应于 10 个工作日内补齐。

2. 现场检查。初审符合要求的，省级绿色食品工作机构组织绿色生资管理员在 20 个工作日内对申请用标企业及产品的原料来源、投入品使用和管理体系等进行现场检查。文审和现场检查不符合要求的，作出整改或暂停审核决定。

（二）文审和现场检查合格的，报送中国绿色食品协会（以下简称协会）。

（三）协会收到初审材料后，在 20 个工作日内完成复审。

1. 企业需补充材料的，应在 20 个工作日内，按审核通知单要求将申报材料补齐；

2. 需加检的产品，由省级绿色食品工作机构负责抽样，送检；

3. 必要时，协会可派人赴企业检查，复审时限可相应延长。

（四）复审合格的，协会组织绿色生资专家评审委员会在 15 个工作日内完成对申请用标产品的评审。复审不合格的，协会在 10 个工作日内书面通知申请企业，并说明理由。

（五）协会依据绿色生资专家评审委员会的评审意见，在 15 个工作日内作出审核结论。

第七条　审核合格的，申请用标企业与协会签订《绿色食品生产资料标志商标使用许可合同》。

第八条　按照《合同》约定，申请用标企业须向协会缴纳绿色生资标志许可审核费和管理费。

第九条 完成上述事项后，由协会颁发《绿色食品生产资料标志使用证》（以下简称《使用证》），并对获得绿色生资标志使用许可的产品（以下简称获证产品）予以公告。

第三章 标志使用

第十条 绿色生资兽药产品的类别编号为04，编号形式如下：

LSSZ —— 04 —— ×× ×× ×× ××××

绿色	产品	核准	核准	省份	当年
生资	类别	年份	月份	（国别）	序列号

第十一条 获证产品的包装标签必须符合国家相关标准和规定，并按《绿色食品生产资料证明商标设计使用规范》要求，正确使用绿色食品生产资料标志。

第四章 监督管理

第十二条 协会负责组织绿色生资产品质量抽检，指导省级绿色食品工作机构定期对获得绿色生资标志使用许可的企业（以下简称获证企业）进行监督管理，实施年度检查、标志使用监察等工作。

企业年检由省级绿色食品工作机构对获证企业进行现场检查，内容包括：

（一）生产过程及生产车间、产品质量检验室、库房等相关场所；

（二）生产厂区的环境及环保状况；

（三）查阅有关档案材料及票据，包括不同批次产品的原料配比及投料单、原料和产品的出入库凭证；

（四）规范用标情况；

（五）产品销售、使用效果及安全信息反馈情况。

第十三条 绿色生资产品质量监督抽检计划由协会制定，并下达有关质量监测机构和省级绿色食品工作机构，产品抽样工作由省级绿色食品工作机构协助监测机构完成。

第十四条 监测机构将检验报告分别提交协会、省级绿色食品工作机构和有关获证企业。

第十五条 获证产品的《兽药生产许可证》和产品批准文号被吊销，绿色生资标志许可也随之失效。

第十六条　当获证企业发生《管理办法》第二十五条中所列问题时，由省级绿色食品工作机构作出整改决定。整改期限为 1 个月，整改合格的，准予继续使用绿色生资标志；整改不合格的，由省级绿色食品工作机构报请协会，并由协会取消相关产品绿色生资标志使用权。

第十七条　当获证企业发生《管理办法》第二十六条中所列问题时，由协会作出取消绿色生资标志使用权的决定，并予以公告。

第五章　附　则

第十八条　本细则由协会负责解释。

第十九条　本细则自颁布之日起施行。

第 二 篇

科 技 标 准

中华人民共和国农业行业标准

NY/T 394—2013

绿色食品 肥料使用准则

Green food—Fertilizer application guideline

1 范 围

本标准规定了绿色食品生产中肥料使用原则、肥料种类及使用规定。

本标准适用于绿色食品的生产。

2 规范性引用文件

下列文件对于本文件的应用是必不可少的。凡是注日期的引用文件，仅注日期的版本适用于本文件。凡是不注日期的引用文件，其最新版本（包括所有的修改单）适用于本文件。

GB 20287 农用微生物菌剂

NY/T 391 绿色食品 产地环境质量

NY 525 有机肥料

NY/T 798 复合微生物肥料

NY 884 生物有机肥

3 术语和定义

下列术语和定义适用于本文件。

3.1

AA 级绿色食品 AA grade green food

产地环境质量符合 NY/T 391 的要求，遵照绿色食品生产标准生产，生产过程中遵循自然规律和生态学原理，协调种植业和养殖业的平衡，不使用化学合成的肥料、农药、兽药、渔药、添加剂等物质，产品质量符合绿色食品产品标准，经专门机构许可使用绿色食品标志的产品。

3.2

A 级绿色食品　A grade green food

产地环境质量符合 NY/T 391 的要求，遵照绿色食品生产标准生产，生产过程中遵循自然规律和生态学原理，协调种植业和养殖业的平衡，限量使用限定的化学合成生产资料，产品质量符合绿色食品产品标准，经专门机构许可使用绿色食品标志的产品。

3.3

农家肥料　farmyard manure

就地取材，主要由植物和（或）动物残体、排泄物等富含有机物的物料制作而成的肥料。包括秸秆肥、绿肥、厩肥、堆肥、沤肥、沼肥、饼肥等。

3.3.1

秸秆　stalk

以麦秸、稻草、玉米秸、豆秸、油菜秸等作物秸秆直接还田作为肥料。

3.3.2

绿肥　green manure

新鲜植物体作为肥料就地翻压还田或异地施用。主要分为豆科绿肥和非豆科绿肥两大类。

3.3.3

厩肥　barnyard manure

圈养牛、马、羊、猪、鸡、鸭等畜禽的排泄物与秸秆等垫料发酵腐熟而成的肥料。

3.3.4

堆肥　compost

动植物的残体、排泄物等为主要原料，堆制发酵腐熟而成的肥料。

3.3.5

沤肥　waterlogged compost

动植物残体、排泄物等有机物料在淹水条件下发酵腐熟而成的肥料。

3.3.6

沼肥　biogas fertilizer

动植物残体、排泄物等有机物料经沼气发酵后形成的沼液和沼渣肥料。

3.3.7

饼肥　cake fertilizer

含油较多的植物种子经压榨去油后的残渣制成的肥料。

3. 4

有机肥料 organic fertilizer

主要来源于植物和（或）动物，经过发酵腐熟的含碳有机物料，其功能是改善土壤肥力、提供植物营养、提高作物品质。

3. 5

微生物肥料 microbial fertilizer

含有特定微生物活体的制品，应用于农业生产，通过其中所含微生物的生命活动，增加植物养分的供应量或促进植物生长，提高产量，改善农产品品质及农业生态环境的肥料。

3. 6

有机—无机复混肥料 organic-inorganic compound fertilizer

含有一定量有机肥料的复混肥料。

注：其中复混肥料是指，氮、磷、钾三种养分中，至少有两种养分标明量的由化学方法和（或）掺混方法制成的肥料。

3. 7

无机肥料 inorganic fertilizer

主要以无机盐形式存在，能直接为植物提供矿质营养的肥料。

3. 8

土壤调理剂 soil amendment

加入土壤中用于改善土壤的物理、化学和（或）生物性状的物料，功能包括改良土壤结构、降低土壤盐碱危害、调节土壤酸碱度、改善土壤水分状况、修复土壤污染等。

4 肥料使用原则

4.1 持续发展原则。绿色食品生产中所使用的肥料应对环境无不良影响，有利于保护生态环境，保持或提高土壤肥力及土壤生物活性。

4.2 安全优质原则。绿色食品生产中应使用安全、优质的肥料产品，生产安全、优质的绿色食品。肥料的使用应对作物（营养、味道、品质和植物抗性）不产生不良后果。

4.3 化肥减控原则。在保障植物营养有效供给的基础上减少化肥用量，兼顾元素之间的比例平衡，无机氮素用量不得高于当季作物需求量的一半。

4.4 有机为主原则。绿色食品生产过程中肥料种类的选取应以农家肥料、有机肥料、微生物肥料为主，化学肥料为辅。

5　可使用的肥料种类

5.1　AA 级绿色食品生产可使用的肥料种类

可使用 3.3、3.4、3.5 规定的肥料。

5.2　A 级绿色食品生产可使用的肥料种类

除 5.1 规定的肥料外，还可使用 3.6、3.7 规定的肥料及 3.8。

6　不应使用的肥料种类

6.1 添加有稀土元素的肥料。

6.2 成分不明确的、含有安全隐患成分的肥料。

6.3 未经发酵腐熟的人畜粪尿。

6.4 生活垃圾、污泥和含有害物质（如毒气、病原微生物、重金属等）的工业垃圾。

6.5 转基因品种（产品）及其副产品为原料生产的肥料。

6.6 国家法律法规规定不得使用的肥料。

7　使用规定

7.1 AA 级绿色食品生产用肥料使用规定

7.1.1 应选用 5.1 所列肥料种类，不应使用化学合成肥料。

7.1.2 可使用农家肥料，但肥料的重金属限量指标应符合 NY 525 要求，粪大肠菌群数、蛔虫卵死亡率应符合 NY 884 要求。宜使用秸秆和绿肥，配合施用具有生物固氮、腐熟秸秆等功效的微生物肥料。

7.1.3 有机肥料应达到 NY 525 技术指标，主要以基肥施入，用量视地力和目标产量而定，可配施农家肥料和微生物肥料。

7.1.4 微生物肥料应符合 GB 20287 或 NY 884 或 NY/T 798 标准要求，可与 5.1 所列其他肥料配合施用，用于拌种、基肥或追肥。

7.1.5 无土栽培可使用农家肥料、有机肥料和微生物肥料，掺混在基质中使用。

7.2　A 级绿色食品生产用肥料使用规定

7.2.1 应选用 5.2 所列肥料种类。

7.2.2 农家肥料的使用按 7.1.2 规定执行。耕作制度允许情况下，宜利用秸秆和绿肥，按照约 25∶1 的比例补充化学氮素。厩肥、堆肥、沤肥、沼肥、饼肥等农家肥料应完全腐熟，肥料的重金属限量指标应符合 NY 525 要求。

7.2.3 有机肥料的使用按 7.1.3 规定执行。可配施 5.2 所列其他肥料。

7.2.4 微生物肥料的使用按 7.1.4 规定执行。可配施 5.2 所列其他肥料。

7.2.5 有机—无机复混肥料、无机肥料在绿色食品生产中作为辅助肥料使用，用来补充农家肥料、有机肥料、微生物肥料所含养分的不足。减控化肥用量，其中无机氮素用量按当地同种作物习惯施肥用量减半使用。

7.2.6 根据土壤障碍因素，可选用土壤调理剂改良土壤。

中华人民共和国农业行业标准

NY/T 393—2013

绿色食品 农药使用准则

Green food—Guideline for application of Pesticide

---

1 范 围

本标准规定了绿色食品生产和仓储中有害生物防治原则、农药选用、农药使用规范和绿色食品农药残留要求。

本标准适用于绿色食品的生产和仓储。

2 规范性引用文件

下列文件对于本文件的应用是必不可少的。凡是注日期的引用文件，仅注日期的版本适用于本文件。凡是不注日期的引用文件，其最新版本（包括所有的修改单）适用于本文件。

GB 2763 食品安全国家标准 食品中农药最大残留限量

GB/T 8321（所有部分） 农药合理使用准则

GB 12475 农药贮运、销售和使用的防毒规程

NY/T 391 绿色食品产地环境质量

NY/T 1667（所有部分） 农药登记管理术语

3 术语和定义

NY/T 1667 界定的及下列术语和定义适用于本文件。

3.1

AA 级绿色食品 AA grade green food

产地环境质量符合 NY/T 391 的要求，遵照绿色食品生产标准生产，生产过程中遵

循自然规律和生态学原理，协调种植业和养殖业的平衡，不使用化学合成的肥料、农药、兽药、渔药、添加剂等物质，产品质量符合绿色食品产品标准，经专门机构许可使用绿色食品标志的产品。

3.2

A 级绿色食品 A grade green food

产地环境质量符合 NY/T 391 的要求，遵照绿色食品生产标准生产，生产过程中遵循自然规律和生态学原理，协调种植业和养殖业的平衡，限量使用限定的化学合成生产资料，产品质量符合绿色食品产品标准，经专门机构许可使用绿色食品标志的产品。

4 有害生物防治原则

4.1 以保持和优化农业生态系统为基础，建立有利于各类天敌繁衍和不利于病虫草害孳生的环境条件，提高生物多样性，维持农业生态系统的平衡。

4.2 优先采用农业措施，如抗病虫品种、种子种苗检疫、培育壮苗、加强栽培管理、中耕除草、耕翻晒垡、清洁田园、轮作倒茬、间作套种等。

4.3 尽量利用物理和生物措施，如用灯光、色彩诱杀害虫，机械捕捉害虫，释放害虫天敌，机械或人工除草等。

4.4 必要时，合理使用低风险农药。如没有足够有效的农业、物理和生物措施，在确保人员、产品和环境安全的前提下按照第 5、6 章的规定，配合使用低风险的农药。

5 农药选用

5.1 所选用的农药应符合相关的法律法规，并获得国家农药登记许可。

5.2 应选择对主要防治对象有效的低风险农药品种，提倡兼治和不同作用机理农药交替使用。

5.3 农药剂型宜选用悬浮剂、微囊悬浮剂、水剂、水乳剂、微乳剂、颗粒剂、水分散粒剂和可溶性粒剂等环境友好型剂型。

5.4 AA 级绿色食品生产应按照附录 A 第 A.1 章的规定选用农药及其他植物保护产品。

5.5 A 级绿色食品生产应按照附录 A 的规定，优先从表 A.1 中选用农药。在表 A.1 所列农药不能满足有害生物防治需要时，还可适量使用第 A.2 章所列的农药。

6 农药使用规范

6.1 应在主要防治对象的防治适期，根据有害生物的发生特点和农药特性，选择适当的施药方式，但不宜采用喷粉等风险较大的施药方式。

6.2 应按照农药产品标签或 GB/T 8321 和 GB 12475 的规定使用农药，控制施药剂量（或浓度）、施药次数和安全间隔期。

7　绿色食品农药残留要求

7.1 绿色食品生产中允许使用的农药，其残留量应不低于 GB 2763 的要求。

7.2 在环境中长期残留的国家明令禁用农药，其再残留量应符合 GB 2763 的要求。

7.3 其他农药的残留量不得超过 0.01mg/kg，并应符合 GB 2763 的要求。

附 录 A

（规范性附录）

绿色食品生产允许使用的农药和其他植保产品清单

A.1 AA 级和 A 级绿色食品生产均允许使用的农药和其他植保产品清单

见表 A.1。

表 A.1 AA 级和 A 级绿色食品生产均允许使用的农药和其他植保产品清单

类 别	组分名称	备 注
I.植物和动物来源	楝素（苦楝、印楝等提取物，如印楝素等）	杀虫
	天然除虫菊素（除虫菊科植物提取液）	杀虫
	苦参碱及氧化苦参碱（苦参等提取物）	杀虫
	蛇床子素（蛇床子提取物）	杀虫、杀菌
	小檗碱（黄连、黄柏等提取物）	杀菌
	大黄素甲醚（大黄、虎杖等提取物）	杀菌
	乙蒜素（大蒜提取物）	杀菌
	苦皮藤素（苦皮藤提取物）	杀虫
	藜芦碱（百合科藜芦属和喷嚏草属植物提取物）	杀虫
	桉油精（桉树叶提取物）	杀虫
	植物油（如薄荷油、松树油、香菜油、八角茴香油）	杀虫、杀螨、杀真菌、抑制发芽
	寡聚糖（甲壳素）	杀菌、植物生长调节
	天然诱集和杀线虫剂（如万寿菊、孔雀草、芥子油）	杀线虫
	天然酸（如食醋、木醋和竹醋等）	杀菌
	菇类蛋白多糖（菇类提取物）	杀菌
	水解蛋白质	引诱
	蜂蜡	保护嫁接和修剪伤口
	明胶	杀虫
	具有驱避作用的植物提取物（大蒜、薄荷、辣椒、花椒、熏衣草、柴胡、艾草的提取物）	驱避
	害虫天敌（如寄生蜂、瓢虫、草蛉等）	控制虫害

（续表）

类　别	组分名称	备　注
Ⅱ．微生物来源	真菌及真菌提取物（白僵菌、轮枝菌、木霉菌、耳霉菌、淡紫拟青霉、金龟子绿僵菌、寡雄腐霉菌等）	杀虫、杀菌、杀线虫
	细菌及细菌提取物（苏云金芽孢杆菌、枯草芽孢杆菌、蜡质芽孢杆菌、地衣芽孢杆菌、多粘类芽孢杆菌、荧光假单胞杆菌、短稳杆菌等）	杀虫、杀菌
	病毒及病毒提取物（核型多角体病毒、质型多角体病毒、颗粒体病毒等）	杀虫
	多杀霉素、乙基多杀菌素	杀虫
	春雷霉素、多抗霉素、井冈霉素、（硫酸）链霉素、嘧啶核苷类抗生素、宁南霉素、申嗪霉素和中生菌素	杀菌
	S-诱抗素	植物生长调节
Ⅲ．生物化学产物	氨基寡糖素、低聚糖素、香菇多糖	防病
	几丁聚糖	防病、植物生长调节
	苄氨基嘌呤、超敏蛋白、赤霉酸、羟烯腺嘌呤、三十烷醇、乙烯利、吲哚丁酸、吲哚乙酸、芸苔素内酯	植物生长调节
Ⅳ．矿物来源	石硫合剂	杀菌、杀虫、杀螨
	铜盐（如波尔多液、氢氧化铜等）	杀菌，每年铜使用量不能超过 $6kg/hm^2$
	氢氧化钙（石灰水）	杀菌、杀虫
	硫黄	杀菌、杀螨、驱避
	高锰酸钾	杀菌，仅用于果树
	碳酸氢钾	杀菌
	矿物油	杀虫、杀螨、杀菌
	氯化钙	仅用于治疗缺钙症
	硅藻土	杀虫
	黏土（如斑脱土、珍珠岩、蛭石、沸石等）	杀虫
	硅酸盐（硅酸钠，石英）	驱避
	硫酸铁（3价铁离子）	杀软体动物
Ⅴ．其他	氢氧化钙	杀菌
	二氧化碳	杀虫，用于贮存设施
	过氧化物类和含氯类消毒剂（如过氧乙酸、二氧化氯、二氯异氰尿酸钠、三氯异氰尿酸等）	杀菌，用于土壤和培养基质消毒
	乙醇	杀菌
	海盐和盐水	杀菌，仅用于种子（如稻谷等）处理
	软皂（钾肥皂）	杀虫
	乙烯	催熟等
	石英砂	杀菌、杀螨、驱避
	昆虫性外激素	引诱，仅用于诱捕器和散发皿内
	磷酸氢二铵	引诱，只限用于诱捕器中使用

注1：该清单每年都可能根据新的评估结果发布修改单。

注2：国家新禁用的农药自动从该清单中删除。

A.2　A 级绿色食品生产允许使用的其他农药清单

当表 A.1 所列农药和其他植保产品不能满足有害生物防治需要时，A 级绿色食品生产还可按照农药产品标签或 GB/T 8321 的规定使用下列农药：

a）杀虫剂

1）S-氰戊菊酯　esfenvalerate

2）吡丙醚　pyriproxifen

3）吡虫啉　imidacloprid

4）吡蚜酮　pymetrozine

5）丙溴磷　profenofos

6）除虫脲　diflubenzuron

7）啶虫脒　acetamiprid

8）毒死蜱　chlorpyrifos

9）氟虫脲　flufenoxuron

10）氟啶虫酰胺　flonicamid

11）氟铃脲　hexaflumuron

12）高效氯氰菊酯　beta-cypermethrin

13）甲氨基阿维菌素苯甲酸盐　emamectin benzoate

14）甲氰菊酯　fenpropathrin

15）抗蚜威　pirimicarb

16）联苯菊酯　bifenthrin

17）螺虫乙酯　spirotetramat

18）氯虫苯甲酰胺　chlorantraniliprole

19）氯氟氰菊酯　cyhalothrin

20）氯菊酯　permethrin

21）氯氰菊酯　cypermethrin

22）灭蝇胺　cyromazine

23）灭幼脲　chlorbenzuron

24）噻虫啉　thiacloprid

25）噻虫嗪　thiamethoxam

26）噻嗪酮　buprofezin

27）辛硫磷　phoxim

28）茚虫威　indoxacard

b）杀螨剂

1）苯丁锡　fenbutatin oxide

2）喹螨醚　fenazaquin

3）联苯肼酯　bifenazate

4）螺螨酯　spirodiclofen

5）噻螨酮　hexythiazox

6）四螨嗪　clofentezine

7）乙螨唑　etoxazole

8）唑螨酯　fenpyroximate

c）杀软体动物剂

四聚乙醛　metaldehyde

d）杀菌剂

1）吡唑醚菌酯　pyraclostrobin

2）丙环唑　propiconazol

3）代森联　metriam

4）代森锰锌　mancozeb

5）代森锌　zineb

6）啶酰菌胺　boscalid

7）啶氧菌酯　picoxystrobin

8）多菌灵　carbendazim

9）噁霉灵　hymexazol

10）噁霜灵　oxadixyl

11）粉唑醇　flutriafol

12）氟吡菌胺　fluopicolide

13）氟啶胺　fluazinam

14）氟环唑　epoxiconazole

15）氟菌唑　triflumizole

16）腐霉利　procymidone

17）咯菌腈　fludioxonil

18）甲基立枯磷　tolclofos-methyl

19）甲基硫菌灵　thiophanate-methyl

20）甲霜灵　metalaxyl

21）腈苯唑　fenbuconazole

22）腈菌唑　myclobutanil

23）精甲霜灵　metalaxyl-M

24）克菌丹　captan

25）醚菌酯　kresoxim-methyl

26）嘧菌酯　azoxystrobin

27）嘧霉胺　pyrimethanil

28）氰霜唑　cyazofamid

29）噻菌灵　thiabendazole

30）三乙膦酸铝　fosetyl-aluminium

31）三唑醇　triadimenol

32）三唑酮　triadimefon

33）双炔酰菌胺　mandipropamid

34）霜霉威　propamocarb

35）霜脲氰　cymoxanil

36）萎锈灵　carboxin

37）戊唑醇　tebuconazole

38）烯酰吗啉　dimethomorph

39）异菌脲　iprodione

40）抑霉唑　imazalil

e）熏蒸剂

1）棉隆　dazomet

2）威百亩　metam-sodium

f）除草剂

1）2甲4氯　MCPA

2）氨氯吡啶酸　picloram

3）丙炔氟草胺　flumioxazin

4）草铵膦　glufosinate-ammonium

5）草甘膦　glyphosate

6）敌草隆　diuron

7）噁草酮　oxadiazon

8）二甲戊灵　pendimethalin

9）二氯吡啶酸　clopyralid

10）二氯喹啉酸　quinclorac

11）氟唑磺隆　flucarbazone-sodium

12）禾草丹　thiobencarb

13）禾草敌　molinate

14）禾草灵　diclofop-methyl

15）环嗪酮　hexazinone

16）磺草酮　sulcotrione

17）甲草胺　alachlor

18）精吡氟禾草灵　fluazifop-P

19）精喹禾灵　quizalofop-P

20）绿麦隆　chlortoluron

21）氯氟吡氧乙酸（异辛酸）
　　fluroxypyr

22）氯氟吡氧乙酸异辛酯
　　fluroxypyr-mepthyl

23）麦草畏　dicamba

24）咪唑喹啉酸　imazaquin

25）灭草松 bentazone

26）氰氟草酯 cyhalofop butyl

27）炔草酯 clodinafop-propargyl

28）乳氟禾草灵 lactofen

29）噻吩磺隆 thifensulfuron-methyl

30）双氟磺草胺 florasulam

31）甜菜安 desmedipham

32）甜菜宁 phenmedipham

33）西玛津 simazine

34）烯草酮 clethodim

35）烯禾啶 sethoxydim

36）硝磺草酮 mesotrione

37）野麦畏 tri-allate

38）乙草胺 acetochlor

39）乙氧氟草醚 oxyfluorfen

40）异丙甲草胺 metolachlor

41）异丙隆 isoproturon

42）莠灭净 ametryn

43）唑草酮 carfentrazone-ethyl

44）仲丁灵 butralin

g）植物生长调节剂

1）2, 4-滴 2, 4-D（只允许作为
植物生长调节剂使用）

2）矮壮素 chlormequat

3）多效唑 paclobutrazol

4）氯吡脲 forchlorfenuron

5）萘乙酸 1-naphthal acetic acid

6）噻苯隆 thidiazuron

7）烯效唑 uniconazole

注1：该清单每年都可能根据新的评估结果发布修改单。

注2：国家新禁用的农药自动从该清单中删除。

中华人民共和国农业行业标准

NY/T 471—2010

绿色食品 畜禽饲料及饲料添加剂使用准则

Guideline for use of feeds and feed
additives in livestock and poultry

1 范 围

本标准规定了生产绿色食品 畜禽产品允许使用的饲料和饲料添加剂的基本要求、使用原则的基本准则。

本标准适用于生产 A 级和 AA 级绿色食品 畜禽产品生产过程中饲料和饲料添加剂的使用。

2 规范性引用文件

下列文件对于本文件的应用是必不可少的。凡是注日期的引用文件，仅注日期的版本适用于本文件。凡是不注日期的引用文件，其最新版本（包括所有的修改单文件）适用于本文件。

GB/T 10647 饲料工业术语

GB 13078 饲料卫生标准

GB/T 16764 配合饲料企业卫生规范

GB/T 19424 天然植物饲料添加剂通则

NY/T 393 绿色食品 农药使用准则

NY/T 915 饲料用水解羽毛粉

中华人民共和国国务院令 2001 年第 327 号 饲料和饲料添加剂管理条例

中华人民共和国农业部公告 第 977 号（2008） 单一饲料产品目录

中华人民共和国农业部公告 第 1126 号（2008） 饲料添加剂品种目录

中华人民共和国农业部公告 第 1224 号（2009） 饲料添加剂安全使用规范

3 术语和定义

GB/T 10647 确立的以及下列术语和定义适用于本文件。

3.1

天然植物饲料添加剂 natural plant feed additives

以一种或多种天然植物全株或其部分为原料，经物理提取或生物发酵法加工，具有营养、促生长、提高饲料利用率和改善动物产品品质等功效的饲料添加剂。

4 基本要求

4.1 质量要求

4.1.1 饲料和饲料添加剂应符合单一饲料、饲料添加剂、配合饲料、浓缩饲料和添加剂预混合产品质量标准的规定。其中单一饲料应符合《单一饲料产品目录》的要求。

4.1.2 饲料添加剂和添加剂预混合饲料应来源于有生产许可证的企业，并且具有产品标准及其文号。进口饲料和饲料添加剂应具有进口产品许可证及配套的质量检验手段，并应为经进出口检验检疫部门鉴定合格的产品。

4.1.3 感官要求具有该饲料应有的色泽、气味及组织形态特征，质地均匀，无发霉、变质、结块、虫蛀及异味、异物。

4.1.4 配合饲料应营养全面，各营养素间相互平衡。

4.2 卫生要求

4.2.1 饲料和饲料添加剂的卫生指标应符合 GB 13078 的规定，且使用中符合 NY/T 393 的要求。

4.2.2 饲料用水解羽毛粉应符合 NY/T 915 的要求。

5 使用原则

5.1 饲料原料

5.1.1 饲料原料可以是已经通过认定的绿色食品，也可以是来源于绿色食品标准化生产基地的产品，或经绿色食品工作机构认定、按照绿色食品生产方式生产、达到绿色食品标准的自建基地生产的产品。

5.1.2 不应使用转基因方法生产的饲料原料。

5.1.3 不应使用以哺乳类动物为原料的动物性饲料产品（不包括乳及乳制品）饲喂

反刍动物。

5.1.4　遵循不使用同源动物源性饲料的原则。

5.1.5　不应使用工业合成的油脂。

5.1.6　不应使用畜禽粪便。

5.1.7　生产 AA 级绿色食品　畜禽产品的饲料原料，除须满足上述要求外，还应满足：

5.1.7.1　不应使用化学合成的生产资料作为饲料原料。

5.1.7.2　原料生产过程应使用有机肥、种植绿肥、作物轮作、生物或物理方法等技术培肥土壤、控制病虫草害、保护或提高产品品质。

5.2　饲料添加剂

5.2.1　饲料添加剂品种应是《饲料添加剂品种目录》中所列的饲料添加剂和允许进口的饲料添加剂品种，或是农业部公布批准使用的饲料添加剂品种，但附录 A 中所列的饲料添加剂品种除外。

5.2.2　饲料添加剂的性质、成分和使用量应符合产品标签。

5.2.3　矿物质饲料添加剂的使用按照营养需要量添加，尽量减少对环境的污染。

5.2.4　不应使用任何药物饲料添加剂。

5.2.5　天然植物饲料添加剂应符合 GB/T 19424 的要求。

5.2.6　化学合成维生素、常量元素、微量元素和氨基酸在饲料中的推荐量以及限量参考《饲料添加剂安全使用规范》的规定。

5.2.7　生产 AA 级绿色食品　畜禽产品的饲料添加剂，除须满足上述要求外，还不应使用化学合成的饲料添加剂。

5.3　加工、贮存和运输

5.3.1　饲料企业的工厂设计与设施卫生、工厂卫生管理和生产过程的卫生应符合 GB/T 16764 的要求。

5.3.2　在配料和混合生产过程中，严格控制其他物质的污染。

5.3.3　生产绿色食品的饲料和饲料添加剂的加工、贮存、运输全过程都应与非绿色食品饲料严格区分管理。

5.3.4　贮存中不应使用任何化学合成的药物毒害虫鼠。

附 录 A

（规范性附录）

生产绿色食品 畜禽产品不应使用的饲料添加剂品种

种 类	品 种[a]	备 注
矿物元素及其络（螯）合物	稀土（铈和镧）壳糖胺螯合盐	
非蛋白氮	尿素、碳酸氢铵、硫酸铵、液氨、磷酸二氢铵、磷酸氢二铵、缩二脲、异丁叉二脲、磷酸脲	反刍动物也不应使用
抗氧化剂	乙氧基喹啉、二丁基羟基甲苯（BHT），丁基羟基茴香醚（BHA）	
防腐剂	苯甲酸、苯甲酸钠	
着色剂	各种人工合成的着色剂	
调味剂和香料	各种人工合成的调味剂和香料	
黏结剂、抗结块剂和稳定剂	羟甲基纤维素钠、聚氧乙烯 20 山梨醇酐单油酸酯、聚丙烯酸钠	

[a] 本表所列饲料添加剂品种，以及不在《饲料添加剂品种目录》中的饲料添加剂品种均不允许在绿色食品 畜禽产品生产中使用。

中华人民共和国农业行业标准

NY/T 2112—2011

绿色食品 渔业饲料及饲料添加剂使用准则

Green food-Guideline for use of feeds and additives in fishery

1 范围

本标准规定了生产绿色食品渔业产品允许使用的饲料和饲料添加剂的基本要求、使用原则、加工、贮存和运输以及不应使用的饲料添加剂品种。

本标准适用于 A 级和 AA 级绿色食品渔业产品生产过程中饲料和饲料添加剂的使用、管理和认定。

2 规范性引用文件

下列文件对于本文件的应用是必不可少的。凡是注日期的引用文件，仅注日期的版本适用于本文件。凡是不注日期的引用文件，其最新版本（包括所有的修改单文件）适用于本文件。

GB/T 10647　饲料工业术语

GB 13078　饲料卫生标准

GB/T 16764　配合饲料企业卫生规范

GB/T 19164—2003　鱼粉

GB/T 19424　天然植物饲料添加剂通则

NY/T 393　绿色食品　农药使用准则

NY/T 915　饲料用水解羽毛粉

NY/T 5072　无公害食品　渔用配合饲料安全限量

SC/T 1024　草鱼配合饲料

SC/T 1026 鲤鱼配合饲料

SC/T 1077 渔用配合饲料通用技术要求

中华人民共和国国务院令 2001 年第 327 号 饲料和饲料添加剂管理条例

中华人民共和国农业部公告 第 977 号（2008） 单一饲料产品目录（2008）

中华人民共和国农业部公告 第 1126 号（2008） 饲料添加剂品种目录

中华人民共和国农业部公告 第 1224 号（2009） 饲料添加剂安全使用规范

3 术语和定义

GB/T 10647 和 SC/T 1077 确立的以及下列术语和定义适用于本文件。

3.1

天然植物饲料添加剂 natural plant feed additives

以天然植物全株或其部分为原料，经物理提取或生物发酵法加工，具有营养、促生长、提高饲料利用率和改善动物产品品质等功效的饲料添加剂。

4 基本要求

4.1 质量要求

4.1.1 饲料和饲料添加剂应符合单一饲料、饲料添加剂、配合饲料、浓缩饲料和添加剂预混合产品质量标准的规定，其中单一饲料还应符合《单一饲料产品目录》要求，饲料添加剂应符合《饲料添加剂品种目录》要求。

4.1.2 饲料添加剂和添加剂预混合饲料应来源于有生产许可证的企业，并且具有产品批准文号及其质量标准。进口饲料和饲料添加剂应具有进口产品许可证及我国进出口检验检疫部门出具的有效合格检验报告。

4.1.3 进口鱼粉应有鱼粉官方原产地证明、卫生证明（声明）和合格有效质量检验报告，鱼粉进口贸易商进口许可证、国家检验检疫合格报告和绿色食品产品质量定点监测机构出具的鱼粉合格有效质量检验报告，产品质量应满足 GB/T 19164—2003 中一级品以上要求，其中砂分和盐分指标为"砂分＋盐分≤5%"。

4.1.4 感官要求 具有该饲料应有的色泽、气味及组织形态特征，质地均匀，无发霉、变质、结块、虫蛀、鼠咬及异味、异物。颗粒饲料的颗粒均匀，表面光滑。

4.1.5 配合饲料应营养全面、平衡。配合饲料的营养成分指标应符合 SC/T 1077、SC/T 1024、SC/T 1026 等有关国家标准或行业标准的要求。

4.1.6 应做好饲料原料和添加剂的相关记录，确保对所有成分的追溯。

4.2 卫生要求

4.2.1 饲料和饲料添加剂卫生指标应符合 GB 13078、NY 5072 的规定，且使用中符合 NY/T 393 的要求。

4.2.2 饲料用水解羽毛粉应符合 NY/T 915 要求。

4.2.3 鱼粉应符合 GB/T 19164 安全卫生指标要求。

5 使用原则

5.1 饲料原料

5.1.1 饲料原料可以是已经通过认定的绿色食品，也可以是全国绿色食品原料标准化生产基地的产品，或是经中国绿色食品发展中心认定、按照绿色食品生产方式生产、达到绿色食品标准的自建基地生产的产品。

5.1.2 配合饲料中应控制棉籽粕和菜籽粕的用量，建议使用脱毒棉籽粕和菜籽粕，棉籽粕用量不超过 15%，菜籽粕用量不超过 20%。

5.1.3 不应使用转基因饲料原料。

5.1.4 不应使用工业合成的油脂和回收油。

5.1.5 不应使用畜禽粪便。

5.1.6 不应使用制药工业副产品。

5.1.7 饲料如经发酵处理，所使用的微生物制剂应是《饲料添加剂品种目录》中所规定的品种或是农业部公布批准使用的新饲料添加剂品种。

5.1.8 生产 AA 级绿色食品 渔业产品的饲料原料，除须满足上述要求外，还应满足以下要求：

——不应使用化学合成的生产资料作为饲料原料；

——原料生产过程应使用有机肥、种植绿肥、作物轮作、生物或物理方法等技术培肥土壤、控制病虫草害、保护或提高产品品质。

5.2 饲料添加剂

5.2.1 经中国绿色食品发展中心认定的生产资料可以作为饲料添加剂来源。

5.2.2 饲料添加剂品种应是《饲料添加剂品种目录》中所列的饲料添加剂和允许进口的饲料添加剂品种，或是农业部公布批准使用的饲料添加剂品种，但附录 A 中所列的饲料添加剂品种不准使用。

5.2.3 饲料添加剂的性质、成分和使用量应符合产品标签。

5.2.4 矿物质饲料添加剂的使用按照营养需要量添加，减少对环境的污染。

5.2.5 不应使用任何药物饲料添加剂。

5.2.6 严禁使用任何激素。

5.2.7 天然植物饲料添加剂应符合 GB/T 19424 要求。

5.2.8 化学合成维生素、常量元素、微量元素和氨基酸在饲料中的推荐量以及限量应符合《饲料添加剂安全使用规范》的规定。

5.2.9 生产 AA 级绿色食品渔业产品的饲料添加剂，除须满足上述要求外，不得使用化学合成的饲料添加剂。

5.2.10 接收和处理应保持安全有序，防止误用和交叉污染。

5.3　配合饲料、浓缩饲料和添加剂预混合饲料

5.3.1 经中国绿色食品发展中心认定的生产资料可以作为配合饲料、浓缩饲料和添加剂预混合饲料来源。

5.3.2 饲料配方应遵循安全、有效、不污染环境的原则。

5.3.3 应按照产品标签所规定的用法、用量使用。

5.3.4 应做好所有饲料配方的记录，确保对所有饲料成分的可追溯。

6　加工、贮存和运输

6.1 饲料企业的工厂设计与设施卫生、工厂卫生管理和生产过程的卫生应符合 GB/T 16764 的要求。

6.2 在配料和混合生产过程中，应严格控制其他物质的污染。

6.3 饲料原料的粉碎粒度应符合 SC/T 1077 要求。

6.4 做好生产过程的档案记录，为调查和追踪有缺陷的产品提供有案可查的依据。

6.5 所有加工设备都应符合我国有关国家标准或行业标准的要求。

6.6 成品的加工质量指标（混合均匀度、粒径、粒长、水中稳定性、颗粒粉化率）应符合有关国家标准或行业标准的要求。

6.7 加工中应特别注意调质充分和淀粉熟化。

6.8 生产绿色食品的饲料和饲料添加剂的加工、贮存、运输全过程都应与非绿色食品饲料严格区分管理。

6.9 袋装饲料不应直接放在地上，应放在货盘上；要避免阳光直接照射。

6.10 贮存中应注意通风，防止霉变；防止害虫、害鸟和老鼠的进入，不应使用任何化学合成的药物毒害虫鼠。

附 录 A

（规范性附录）

生产绿色食品渔业产品不应使用的饲料添加剂

种　类	品　种
矿物元素及其络（螯）合物	稀土（铈和镧）壳糖胺螯合盐
抗氧化剂	乙氧基喹啉、二丁基羟基甲苯（BHT），丁基羟基茴香醚（BHA）
防腐剂	苯甲酸、苯甲酸钠
着色剂	各种人工合成的着色剂
调味剂和香料	各种人工合成的调味剂和香料
黏结剂	羟甲基纤维素钠

中华人民共和国农业行业标准

NY/T 392—2013

绿色食品 食品添加剂使用准则

Green food—Food additive application guideline

1 范 围

本标准规定了绿色食品食品添加剂的术语和定义、食品添加剂使用原则和使用规定。

本标准适用于绿色食品生产。

2 规范性引用文件

下列文件对于本文件的应用是必不可少的。凡是注日期的引用文件,仅注日期的版本适用于本文件。凡是不注日期的引用文件,其最新版本(包括所有的修改单)适用于本文件。

GB 2760 食品安全国家标准食品添加剂使用标准

GB 26687 食品安全国家标准复配食品添加剂通则

NY/T 391 绿色食品产地环境质量

3 术语和定义

GB 2760 界定的以及下列术语和定义适用于本文件。

3.1

AA 级绿色食品 AA grade green food

产地环境质量符合 NY/T 391 的要求,遵照绿色食品生产标准生产,生产过程中遵循自然规律和生态学原理,协调种植业和养殖业的平衡,不使用化学合成的肥料、农药、兽药、渔药、添加剂等物质,产品质量符合绿色食品产品标准,经专门机构许可使用绿色食品标志的产品。

3. 2

A 级绿色食品 A grade green food

产地环境质量符合 NY/T 391 的要求，遵照绿色食品生产标准生产，生产过程中遵循自然规律和生态学原理，协调种植业和养殖业的平衡，限量使用限定的化学合成生产资料，产品质量符合绿色食品产品标准，经专门机构许可使用绿色食品标志的产品。

3. 3

天然食品添加剂 natural food additive

以物理方法、微生物法或酶法从天然物中分离出来，不采用基因工程获得的产物，经过毒理学评价确认其食用安全的食品添加剂。

3. 4

化学合成食品添加剂 chemical synthetic food additive

由人工合成的，经毒理学评价确认其食用安全的食品添加剂。

4　食品添加剂使用原则

4. 1　食品添加剂使用时应符合以下基本要求：

a）不应对人体产生任何健康危害；

b）不应掩盖食品腐败变质；

c）不应掩盖食品本身或加工过程中的质量缺陷或以掺杂、掺假、伪造为目的而使用食品添加剂；

d）不应降低食品本身的营养价值；

e）在达到预期的效果下尽可能降低在食品中的使用量。

f）不采用基因工程获得的产物。

4. 2　在下列情况下可使用食品添加剂：

a）保持或提高食品本身的营养价值；

b）作为某些特殊膳食用食品的必要配料或成分；

c）提高食品的质量和稳定性，改进其感官特性；

d）便于食品的生产、加工、包装、运输或者贮藏。

4. 3　所用食品添加剂的产品质量应符合相应的国家标准。

4. 4　在以下情况下，食品添加剂可通过食品配料（含食品添加剂）带入食品中：

a）根据本标准，食品配料中允许使用该食品添加剂；

b）食品配料中该添加剂的用量不应超过允许的最大使用量；

　　c）应在正常生产工艺条件下使用这些配料，并且食品中该添加剂的含量不应超过由配料带入的水平；

　　d）由配料带入食品中的该添加剂的含量应明显低于直接将其添加到该食品中通常所需要的水平。

4.5 食品分类系统应符合 GB 2760 的规定。

5 食品添加剂使用规定

5.1 生产 AA 级绿色食品应使用天然食品添加剂。

5.2 生产 A 级绿色食品可使用天然食品添加剂。在这类食品添加剂不能满足生产需要的情况下，可使用 5.5 以外的化学合成食品添加剂。使用的食品添加剂应符合 GB 2760 规定的品种及其适用食品名称、最大使用量和备注。

5.3 同一功能食品添加剂（相同色泽着色剂、甜味剂、防腐剂或抗氧化剂）混合使用时，各自用量占其最大使用量的比例之和不应超过 1。

5.4 复配食品添加剂的使用应符合 GB 26687 规定。

5.5 在任何情况下，绿色食品不应使用下列食品添加剂（表 1）。

表 1 生产绿色食品不应使用的食品添加剂

食品添加剂功能类别	食品添加剂名称（中国编码系统 CNS 号）
酸度调节剂	富马酸一钠（01.311）
抗结剂	亚铁氰化钾（02.001）、亚铁氰化钠（02.008）
抗氧化剂	硫代二丙酸二月桂酯（04.012）、4-己基间苯二酚（04.013）
漂白剂	硫黄（05.007）
膨松剂	硫酸铝钾（又名钾明矾）（06.004）、硫酸铝铵（又名铵明矾）（06.005）
着色剂	新红及其铝色淀（08.004）、二氧化钛（08.011）、赤藓红及其铝色淀（08.003）、焦糖色（亚硫酸铵法）（08.109）、焦糖色（加氨生产）（08.110）
护色剂	硝酸钠（09.001）、亚硝酸钠（09.002）、硝酸钾（09.003）、亚硝酸钾（09.004）
乳化剂	山梨醇酐单月桂酸酯（又名司盘 20）（10.024）、山梨醇酐单棕榈酸酯（又名司盘 40）（10.008）、山梨醇酐单油酸酯（又名司盘 80）（10.005）、聚氧乙烯山梨醇酐单月桂酸酯（又名吐温 20）（10.025）、聚氧乙烯山梨醇酐单棕榈酸酯（又名吐温 40）（10.026）、聚氧乙烯山梨醇酐单油酸酯（又名吐温 80）（10.016）

（续表）

食品添加剂功能类别	食品添加剂名称（中国编码系统 CNS 号）
防腐剂	苯甲酸（17.001）、苯甲酸钠（17.002）、乙氧基喹（17.010）、仲丁胺（17.011）、桂醛（17.012）、噻苯咪唑（17.018）、乙奈酚（17.021）、联苯醚（又名二苯醚）（17.022）、2-苯基苯酚钠盐（17.023）、4-苯基苯酚（17.024）、2,4-二氯苯氧乙酸（17.027）
甜味剂	糖精钠（19.001）、环己基氨基磺酸钠（又名甜蜜素）及环己基氨基磺酸钙（19.002）、L-a-天冬氨酰-N-（2,2,4,4-四甲基-3-硫化三亚甲基）-D-丙氨酰胺（又名阿力甜）（19.013）
增稠剂	海萝胶（20.040）
胶基糖果中基础剂物质	胶基糖果中基础剂物质

注：对多功能的食品添加剂，表中的功能类别为其主要功能。

中华人民共和国农业行业标准

NY/T 472—2013

绿色食品 兽药使用准则

Green food-Veterinary drug application guideline

1 范 围

本标准规定了绿色食品生产中兽药使用的术语和定义、基本原则、生产 AA 级和 A 级绿色食品的兽药使用原则。

本标准适用于绿色食品畜禽及其产品的生产与管理。

2 规范性引用文件

下列文件对于本文件的应用是必不可少的。凡是注日期的引用文件，仅注日期的版本适用于本文件。凡是不注日期的引用文件，其最新版本（包括所有的修改单）适用于本文件。

GB/T 19630.1 有机产品 第 1 部分：生产

NY/T 391 绿色食品 产地环境质量

中华人民共和国动物防疫法

兽药管理条例

畜禽标识和养殖档案管理办法

中华人民共和国农业部 中华人民共和国兽药典

中华人民共和国农业部 兽药质量标准

中华人民共和国农业部 兽用生物制品质量标准

中华人民共和国农业部 进口兽药质量标准

中华人民共和国农业部公告 第 235 号 动物性食品中兽药最高残留限量

中华人民共和国农业部公告 第 278 号 兽药停药期规定

中华人民共和国农业部 2013-12-13 发布   2014-04-01 实施

3 术语和定义

下列术语和定义适用于本文件。

3.1

AA 级绿色食品 AA grade green food

产地环境质量符合 NY/T 391 的要求，遵照绿色食品生产标准生产，生产过程中遵循自然规律和生态学原理，协调种植业和养殖业的平衡，不使用化学合成的肥料、农药、兽药、渔药、添加剂等物质，产品质量符合绿色食品产品标准，经专门机构许可使用绿色食品标志的产品。

3.2

A 级绿色食品 A grade green food

产地环境质量符合 NY/T 391 的要求，遵照绿色食品生产标准生产，生产过程中遵循自然规律和生态学原理，协调种植业和养殖业的平衡，限量使用限定的化学合成生产资料，产品质量符合绿色食品产品标准，经专门机构许可使用绿色食品标志的产品。

3.3

兽药 veterinary drug

用于预防、治疗、诊断动物疾病，或者有目的地调节动物生理机能的物质。包括化学药品、抗生素、中药材、中成药、生化药品、血清制品、疫苗、诊断制品、微生态制剂、放射性药品、外用杀虫剂和消毒剂等。

3.4

微生态制剂 probiotics

运用微生态学原理，利用对宿主有益的微生物及其代谢产物，经特殊工艺将一种或多种微生物制成的制剂。包括植物乳杆菌、枯草芽孢杆菌、乳酸菌、双歧杆菌、肠球菌和酵母菌等。

3.5

消毒剂 disinfectant

用于杀灭传播媒介上病原微生物的制剂。

3.6

产蛋期 egg producing period

禽从产第一枚蛋至产蛋周期结束的持续时间。

3.7

泌乳期 duration of lactation

乳畜每一胎次开始泌乳到停止泌乳的持续时间。

3.8

休药期 withdrawal time；withholding time

停药期

从畜禽停止用药到允许屠宰或其产品（乳、蛋）许可上市的间隔时间。

3.9

执业兽医 licensed veterinarian

具备兽医相关技能，取得国家执业兽医统一考试或授权具有兽医执业资格，依法从事动物诊疗和动物保健等经营活动的人员，包括执业兽医师、执业助理兽医师和乡村兽医。

4 基本原则

4.1 生产者应供给动物充足的营养，应按照 NY/T 391 提供良好的饲养环境，加强饲养管理，采取各种措施以减少应激，增强动物自身的抗病力。

4.2 应按《中华人民共和国动物防疫法》的规定进行动物疾病的防治，在养殖过程中尽量不用或少用药物；确需使用兽药时，应在执业兽医指导下进行。

4.3 所用兽药应来自取得生产许可证和产品批准文号的生产企业，或者取得进口兽药登记许可证的供应商。

4.4 兽药的质量应符合《中华人民共和国兽药典》《兽药质量标准》《兽用生物制品质量标准》《进口兽药质量标准》的规定。

4.5 兽药的使用应符合《兽药管理条例》和农业部公告第 278 号等有关规定，建立用药记录。

5 生产 AA 级绿色食品的兽药使用原则

按 GB/T 19630.1 执行。

6 生产 A 级绿色食品的兽药使用原则

6.1 可使用的兽药种类

6.1.1 优先使用第 5 章中生产 AA 级绿色食品所规定的兽药。

6.1.2 优先使用农业部公告第 235 号中无最高残留限量（MRLs）要求或农业部公告

第 278 号中无休药期要求的兽药。

6.1.3 可使用国务院兽医行政管理部门批准的微生态制剂、中药制剂和生物制品。

6.1.4 可使用高效、低毒和对环境污染低的消毒剂。

6.1.5 可使用附录 A 以外且国家许可的抗菌药、抗寄生虫药及其他兽药。

6.2 不应使用药物种类

6.2.1 不应使用附录 A 中的药物以及国家规定的其他禁止在畜禽养殖过程中使用的药物；产蛋期和泌乳期还不应使用附录 B 中的兽药。

6.2.2 不应使用药物饲料添加剂。

6.2.3 不应使用酚类消毒剂，产蛋期不应使用酚类和醛类消毒剂。

6.2.4 不应为了促进畜禽生长而使用抗菌药物、抗寄生虫药、激素或其他生长促进剂。

6.2.5 不应使用基因工程方法生产的兽药。

6.3 兽药使用记录

6.3.1 应符合《畜禽标识和养殖档案管理办法》规定的记录要求。

6.3.2 应建立兽药入库、出库记录，记录内容包括药物的商品名称、通用名称、主要成分、生产单位、批号、有效期、贮存条件等。

6.3.3 应建立兽药使用记录，包括消毒记录、动物免疫记录和患病动物诊疗记录等。其中，消毒记录内容包括消毒剂名称、剂量、消毒方式、消毒时间等；动物免疫记录内容包括疫苗名称、剂量、使用方法、使用时间等；患病动物诊疗记录内容包括发病时间、症状、诊断结论以及所用的药物名称、剂量、使用方法、使用时间等。

6.3.4 所有记录资料应在畜禽及其产品上市后保存两年以上。

附 录 A

（规范性附录）

生产 A 级绿色食品不应使用的药物

生产 A 级绿色食品不应使用表 A.1 所列的药物。

表 A.1 生产绿色食品不应使用的药物目录

序号	种 类		药物名称	用 途
1	β-受体激动剂类		克仑特罗（clenbuterol）、沙丁胺醇（salbutamol）、莱克多巴胺（ractopamine）、西马特罗（cimaterol）、特布他林（terbutaline）、多巴胺（dopamine）、班布特罗（bambuterol）、齐帕特罗（zilpaterol）、氯丙那林（clorprenaline）、马布特罗（mabuterol）、西布特罗（cimbuterol）、溴布特罗（brombuterol）、阿福特罗（arformoterol）、福莫特罗（formoterol）、苯乙醇胺 A（phenylethanolamine A）及其盐、酯及制剂	所有用途
2	激素类	性激素类	己烯雌酚（diethylstilbestrol）、己烷雌酚（hexestrol）及其盐、酯及制剂	所有用途
			甲基睾丸酮（methyltestosterone）、丙酸睾酮（testosterone propionate）、苯丙酸诺龙（nandrolone phenylpropionate）、雌二醇（estradiol）、戊酸雌二醇（estradiolValcrate）、苯甲酸雌二醇（estradiol Benzoate）及其盐、酯及制剂	促生长
		具雌激素样作用的物质	玉米赤霉醇类药物（zeranol）、去甲雄三烯醇酮（trenbolone）、醋酸甲孕酮（mengestrol acetate）及制剂	所有用途
3	催眠、镇静类		安眠酮（methaqualone）及制剂	所有用途
			氯丙嗪（chlorpromazine）、地西泮（安定，diazepam）及其盐、酯及制剂	促生长
4	抗菌药类	氨苯砜	氨苯砜（dapsone）及制剂	所有用途
		酰胺醇类	氯霉素（chloramphenicol）及其盐、酯［包括：琥珀氯霉素（chloramphenicol succinate）］及制剂	所有用途
		硝基呋喃类	呋喃唑酮（furazolidone）、呋喃西林（furacillin）、呋喃妥因（nitrofurantoin）、呋喃它酮（furaltadone）、呋喃苯烯酸钠（nifurstyrenate sodium）及制剂	所有用途
		硝基化合物	硝基酚钠（sodium nitrophenolate）、硝呋烯腙（nitrovin）及制剂	所有用途
		磺胺类及其增效剂	磺胺噻唑（sulfathiazole）、磺胺嘧啶（sulfadiazine）、磺胺二甲嘧啶（sulfadimidine）、磺胺甲恶唑（sulfamethoxazole）、磺胺对甲氧嘧啶（sulfamethoxydiazine）、磺胺间甲氧嘧啶（sulfamonomethoxine）、磺胺地索辛（sulfadimethoxine）、磺胺喹恶啉（sulfaquinoxaline）、三甲氧苄氨嘧啶（trimethoprim）及其盐和制剂	所有用途
		喹诺酮类	诺氟沙星（norfloxacin）、氧氟沙星（ofloxacin）、培氟沙星（pefloxacin）、洛美沙星（lomefloxacin）及其盐和制剂	所有用途

（续表）

序号	种类		药物名称	用途
4	抗菌药类	喹恶啉类	卡巴氧（carbadox）、喹乙醇（olaquindox）、喹烯酮（quinocetone）、乙酰甲喹（mequindox）及其盐、酯及制剂	所有用途
		抗生素滤渣	抗生素滤渣	所有用途
5	抗寄生虫类	苯并咪唑类	噻苯咪唑（thiabendazole）、阿苯咪唑（albendazole）、甲苯咪唑（mebendazole）、硫苯咪唑（fenbendazole）、磺苯咪唑（oxfendazole）、丁苯咪唑（parbendazole）、丙氧苯咪唑（oxibendazole）、丙噻苯咪唑（CBZ）及制剂	所有用途
		抗球虫类	二氯二甲吡啶酚（clopidol）、氨丙啉（amprolini）、氯苯胍（robenidine）及其盐和制剂	所有用途
		硝基咪唑类	甲硝唑（metronidazole）、地美硝唑（dimetronidazole）、替硝唑（tinidazole）及其盐、酯及制剂等	促生长
		氨基甲酸酯类	甲奈威（carbaryl）、呋喃丹（克百威，carbofuran）及制剂	杀虫剂
		有机氯杀虫剂	六六六（BHC）、滴滴涕（DDT）、林丹（丙体六六六，lindane）、毒杀芬（氯化烯，camahechlor）及制剂	杀虫剂
		有机磷杀虫剂	敌百虫（trichlorfon）、敌敌畏（dichlorvos）、皮蝇磷（fenchlorphos）、氧硫磷（oxinothiophos）、二嗪农（diazinon）、倍硫磷（fenthion）、毒死蜱（chlorpyrifos）、蝇毒磷（coumaphos）、马拉硫磷（malathion）及制剂	杀虫剂
		其他杀虫剂	杀虫脒（克死螨，chlordimeform）、双甲脒（amitraz）、酒石酸锑钾（antimony potassium tartrate）、锥虫胂胺（tryparsamide）、孔雀石绿（malachite green）、五氯酚酸钠（pentachlorophenol sodium）、氯化亚汞（甘汞，calomel）、硝酸亚汞（mercurous nitrate）、醋酸汞（mercurous acetate）、吡啶基醋酸汞（pyridyl mercurous acetate）	杀虫剂
6	抗病毒类药物		金刚烷胺（amantadine）、金刚乙胺（rimantadine）、阿昔洛韦（aciclovir）、吗啉（双）胍（病毒灵）（moroxydine）、利巴韦林（ribavirin）等及其盐、酯及单、复方制剂	抗病毒
7	有机胂制剂		洛克沙胂（roxarsone）、氨苯胂酸（阿散酸，arsanilic acid）	所有用途

附 录 B

（规范性附录）

产蛋期和泌乳期不应使用的兽药

产蛋期和泌乳期不应使用表B.1所列的兽药。

表B.1 产蛋期和泌乳期不应使用的兽药目录

生长阶段	种类		兽药名称
产蛋期	抗菌药类	四环素类	四环素（tetracycline）、多西环素（doxycycline）
		青霉素类	阿莫西林（amoxycillin）、氨苄西林（ampicillin）
		氨基糖苷类	新霉素（neomycin）、安普霉素（apramycin）、越霉素A（destomycin A）、大观霉素（spectinomycin）
		磺胺类	磺胺氯哒嗪（sulfachlorpyridazine）、磺胺氯吡嗪钠（sulfachlorpyridazine sodium）
		酰胺醇类	氟苯尼考（florfenicol）
		林可胺类	林可霉素（lincomycin）
		大环内酯类	红霉素（erythromycin）、泰乐菌素（tylosin）、吉他霉素（kitasamycin）、替米考星（tilmicosin）、泰万菌素（tylvalosin）
		喹诺酮类	达氟沙星（danofloxacin）、恩诺沙星（enrofloxacin）、沙拉沙星（sarafloxacin）、环丙沙星（ciprofloxacin）、二氟沙星（difloxacin）、氟甲喹（flumequine）
		多肽类	那西肽（nosiheptide）、粘霉素（colimycin）、恩拉霉素（enramycin）、维吉尼霉素（virginiamycin）
		聚醚类	海南霉素钠（hainan fosfomycin sodium）
	抗寄生虫类		二硝托胺（dinitolmide）、马杜霉素（madubamycin）、地克珠利（diclazuril）、氯羟吡啶（clopidol）、氯苯胍（robenidine）、盐霉素钠（salinomycin sodium）
泌乳期	抗菌药类	四环素类	四环素（tetracycline）、多西环素（doxycycline）
		青霉素类	苄星邻氯青霉素（benzathine cloxacillin）
		大环内酯类	替米考星（tilmicosin）、泰拉霉素（tulathromycin）
	抗寄生虫类		双甲脒（amitraz）、伊维菌素（ivermectin）、阿维菌素（avermectin）、左旋咪唑（levamisole）、奥芬达唑（oxfendazole）、碘醚柳胺（rafoxanide）

第三篇

许 可 审 核

为方便读者参照执行，本篇中收录的 5 种《绿色食品生产资料标志使用申请书》与《绿色食品生产资料企业检查表》尽量遵循原表格的版式。

绿色食品生产资料标志使用申请书
（肥　料）

申请企业＿＿＿＿＿＿＿＿＿＿＿＿＿＿＿＿（盖章）

申请产品＿＿＿＿＿＿＿＿＿＿＿＿＿＿＿＿

申请日期＿＿＿＿＿年＿＿＿月＿＿＿日

中国绿色食品协会制

申请使用绿色食品生产资料标志

声　明

我公司已充分了解绿色食品生产资料标志使用许可管理的有关规定，自愿申请在申报产品上使用绿色食品生产资料标志。

现郑重声明如下：

1. 保证《绿色食品生产资料标志使用申请书》中填写的内容和提供的有关材料全部真实、准确，如有虚假成分，本公司愿负法律责任。

2. 在绿色食品生产资料标志使用期间，保证严格遵守国家的法律法规，按绿色食品生产资料的有关标准、技术规范及标志管理要求组织生产、加工和销售。愿意接受中国绿色食品协会和省级绿色食品工作机构组织实施的审核检查和年度检查等监督管理措施。

3. 凡因产品质量问题给绿色食品生产资料证明商标造成不良影响，愿接受中国绿色食品协会所做的决定，并承担经济和法律责任。

申请企业：　　　　　　（盖章）

法人代表：　　　　　　（签字）

年　　月　　日

申请企业名称	中　文			
	英　文			
申请产品名称	中　文			
	英　文			
产品包装形式		包装规格		
检验登记单位		登记证号		
生产许可单位		许可证号		
商标名称		商标注册号		
企业情况	法人代表		电　话	
	详细地址			
	邮　编		传　真	
	联系人		电　话	
	领取营业执照时间		执照编号	
	职工人数		技术人员人数	
	固定资产		流动资金	
	生产经营范围			

申报产品情况	设计生产规模		实际生产规模	
	年销售量			
	主要销售区域			
	投产日期			
	年出口量			
	主要出口国家			
	专利及获奖情况			
省级绿色食品工作机构意见	盖章： 负责人签字： 年　　月　　日			
备　　注				

产 品 情 况
（肥　料）

商品名		商品名英文	
通用名		通用名英文	
化学名			

类别 （勾选）	□ 微生物肥料　　　□ 有机肥料　　　□ 有机—无机复混肥料 □ 其他肥料（具体说明）：		

产品说明	适用作物		
	使用方法		
	用　量		
	有效保存期		
	贮存条件		

主要技术指标	产品形态 外观		
	有效成分名 称及含量		
	其他成分 名称及含量		
	酸碱度（pH 值）		水分　≤

限制指标	砷（As）≤	mg/kg	铅（Pb）≤	mg/kg
	铬（Cr）≤	mg/kg	汞（Hg）≤	mg/kg
	镉（Cd）≤	mg/kg	其他重金属：	
	杂菌率		霉菌数	$\times 10^6$个/g（个/mL）
	蛔虫卵死亡率		大肠菌群值	

毒理试验

毒性试验项目	给药途径	试验动物	结　果	试验单位

效果试验

试验时间	试验单位和地点	供试作物	使用量	施用方法	效　果

原料供应情况（包括微生物菌种）

原料名称	比例（%）	登记许可情况 （证号）	年供应量	供应单位及方式

主要生产设备、仪器（名称、型号、数量）

生产流程

产品分析方法

产品检测能力

检测方式（勾选）	□ 自检		□ 委托检测
委托单位		资　质	
检测项目	检测方法		检测频率

在其他国家生产许可及登记情况

国　家	登记机构	登记日期及有效期	证　号	用　途

绿色食品生产资料标志使用申请书
（农　药）

申请企业＿＿＿＿＿＿＿＿＿＿＿＿＿＿＿＿＿＿＿（盖章）

申请产品＿＿＿＿＿＿＿＿＿＿＿＿＿＿＿＿＿＿＿

申请日期＿＿＿＿＿＿年＿＿＿月＿＿＿日

中国绿色食品协会制

申请使用绿色食品生产资料标志

声　明

　　我公司已充分了解绿色食品生产资料标志使用许可管理的有关规定，自愿申请在申报产品上使用绿色食品生产资料标志。

　　现郑重声明如下：

　　1. 保证《绿色食品生产资料标志使用申请书》中填写的内容和提供的有关材料全部真实、准确，如有虚假成分，本公司愿负法律责任。

　　2. 在绿色食品生产资料标志使用期间，保证严格遵守国家的法律法规，按绿色食品生产资料的有关标准、技术规范及标志管理要求组织生产、加工和销售。愿意接受中国绿色食品协会和省级绿色食品工作机构组织实施的审核检查和年度检查等监督管理措施。

　　3. 凡因产品质量问题给绿色食品生产资料证明商标造成不良影响，愿接受中国绿色食品协会所做的决定，并承担经济和法律责任。

申请企业：　　　　　　（盖章）

法人代表：　　　　　　（签字）

年　　月　　日

申请企业名称	中　文	
	英　文	
申请产品名称	中　文	
	英　文	

产品包装形式		包装规格	
检验登记单位		登记证号	
生产许可单位		许可证号	
商标名称		商标注册号	

企业情况	法人代表		电　话	
	详细地址			
	邮　编		传　真	
	联系人		电　话	
	领取营业执照时间		执照编号	
	职工人数		技术人员人数	
	固定资产		流动资金	
	生产经营范围			

申报产品情况	设计生产规模		实际生产规模	
	年销售量			
	主要销售区域			
	投产日期			
	年出口量			
	主要出口国家			
	专利及获奖情况			
省级绿色食品工作机构意见	盖章： 负责人签字： 年　　月　　日			
备　注				

产　品　情　况
（农　药）

产品名称		农药 登记号	
通用名 （中文）		通用名 （英文）	
商品名		化学名	
类　别		剂　型	
结构式			

产品说明	毒　性	
	适用作物	
	防治对象	
	用　量	
	施用方法	
	安全间隔期	
	有效期限	
	贮存条件	

	有效成分含量（%）	其他成分（包括助剂） 名称和含量（%）
原　药		
制　剂		

原药理化性质：

原药生产工艺简述（或原药来源）：

制剂产品规格及理化性质	外　观			
	比重或密度		酸碱度（pH 值）	
	细度或粒度		悬浮率	
	乳剂稳定性（稀释倍数）		湿润性（时间）	
	水　分		黏　度	
	脱落率		可燃性或闪点	
	冷热稳定性			
	常温贮存稳定性			

毒理学实验

毒性试验项目	给药途径	试验动物	结　果	试验单位

药效试验

时　　间				
地　　点				
作　　物				
防治对象				
施药方法				
用药量（有效成分，克/亩①)				
防治效果				
药　　害				
对环境生态影响：				

---

① 编者注：1 亩≈667 平方米，全书同。

原料（包括助剂等）

原料名称	供应单位	农药登记证	年供应量	供应方式

主要生产设备、仪器（名称、型号、数量）

制剂生产工艺流程

产品分析方法

原药：
制剂：

产品检测能力

自检（委托检测）			
委托单位		资　质	
检测项目	检测方法	检测频率	

在其他国家生产许可及登记情况

国　家	登记机构	登记日期及有效期	编　号	用　途

绿色食品生产资料标志使用申请书

（饲料及饲料添加剂）

申请企业＿＿＿＿＿＿＿＿＿＿＿＿＿＿＿＿＿＿（盖章）

申请产品＿＿＿＿＿＿＿＿＿＿＿＿＿＿＿＿＿＿

申请日期＿＿＿＿＿＿年＿＿＿月＿＿＿日

中国绿色食品协会制

申请使用绿色食品生产资料标志

声　明

我公司已充分了解绿色食品生产资料标志使用许可管理的有关规定，自愿申请在申报产品上使用绿色食品生产资料标志。

现郑重声明如下：

1. 保证《绿色食品生产资料标志使用申请书》中填写的内容和提供的有关材料全部真实、准确，如有虚假成分，本公司愿负法律责任。

2. 在绿色食品生产资料标志使用期间，保证严格遵守国家的法律法规，按绿色食品生产资料的有关标准、技术规范及标志管理要求组织生产、加工和销售。愿意接受中国绿色食品协会和省级绿色食品工作机构组织实施的审核检查和年度检查等监督管理措施。

3. 凡因产品质量问题给绿色食品生产资料证明商标造成不良影响，愿接受中国绿色食品协会所做的决定，并承担经济和法律责任。

申请企业：　　　　　　（盖章）

法人代表：　　　　　　（签字）

年　　　月　　　日

		中　文	
申请企业名称		英　文	
申请产品名称		中　文	
		英　文	
产品包装形式		包装规格	
检验登记单位		登记证号	
生产许可单位		许可证号	
商标名称		商标注册号	
企业情况	法人代表		电　话	
	详细地址			
	邮　编		传　真	
	联系人		电　话	
	领取营业执照时间		执照编号	
	职工人数		技术人员人数	
	固定资产		流动资金	
	生产经营范围			

申报产品情况	设计生产规模		实际生产规模	
	年销售量			
	主要销售区域			
	投产日期			
	年出口量			
	主要出口国家			
	专利及获奖情况			
省级绿色食品工作机构意见		盖章： 负责人签字： 　　　　年　　月　　日		
备　　注				

产 品 情 况
（饲料及饲料添加剂）

饲　料

商品名				
通用名			通用名英文	
主要成分				
产品说明	使用范围（动物名称及生育阶段）			
	作　用			
	用　量			
	保质期			
	贮存条件			

原料名称和配比：

饲料添加剂

商品名			
通用名		通用名英文	
主要成分			

产品说明	使用范围	
	作　用	
	用　量	
	保质期	
	贮存条件	

理化性状：

单一饲料

饲料名称		种植品种	
种植面积		年生产量	
种植地点			
主要病虫害			

农药使用情况	农药名称	剂型规格	目 的	使用方法	每次用量（克/亩）	全年使用次数	末次使用时间

肥料使用情况（千克/亩）	肥料名称	类 别	使用方法	使用时间	每次用量	全年用量	末次使用时间

种植单位（盖章）：　　　　　负责人：　　　　　填表人：

饲料原料加工情况 （适用于自加工的饲料原料）

产品名称		执行标准	
设计年产量		实际年产量	

原料基本情况			
名　称	比　例	年用量	来　源

添加剂、防腐剂使用情况			
名　称	用　途	用　量	备　注

工艺流程简图：

主要设备名称、型号及制造单位：

加工单位（盖章）：　　　　　　　　　　　　　　　填表人：

毒理学（适用于新饲料和新饲料添加剂）

毒性试验项目	给药途径	试验动物	结　果	试验单位

饲喂效果

饲喂时间	试验单位和地点	饲喂动物	施用方法	效　果

原料供应情况

原料名称	供应单位	登记许可情况 （证号）	年供应量	供应方式

主要生产设备、仪器（名称、型号、数量）

生产流程

产品分析方法、检测参数

产品检测能力

检测方式（勾选）	□ 自检		□ 委托检测
委托单位		资 质	
检测项目	检测方法		检测频率

在其他国家生产许可及登记情况

国 家	登记机构	登记日期 及有效期	证 号	用 途

绿色食品生产资料标志使用申请书

（食品添加剂）

申请企业＿＿＿＿＿＿＿＿＿＿＿＿＿＿＿＿（盖章）

申请产品＿＿＿＿＿＿＿＿＿＿＿＿＿＿＿＿

申请日期＿＿＿＿＿＿年＿＿＿月＿＿＿日

中国绿色食品协会制

申请使用绿色食品生产资料标志

声　明

　　我公司已充分了解绿色食品生产资料标志使用许可管理的有关规定，自愿申请在申报产品上使用绿色食品生产资料标志。

　　现郑重声明如下：

　　1. 保证《绿色食品生产资料标志使用申请书》中填写的内容

和提供的有关材料全部真实、准确，如有虚假成分，本公司愿负法律责任。

　　2. 在绿色食品生产资料标志使用期间，保证严格遵守国家的法律法规，按绿色食品生产资料的有关标准、技术规范及标志管理要求组织生产、加工和销售。愿意接受中国绿色食品协会和省级绿色食品工作机构组织实施的审核检查和年度检查等监督管理措施。

　　3. 凡因产品质量问题给绿色食品生产资料证明商标造成不良影响，愿接受中国绿色食品协会所做的决定，并承担经济和法律责任。

　　　　　　　　　　　　　　　申请企业：　　　　　　（盖章）

　　　　　　　　　　　　　　　法人代表：　　　　　　（签字）

　　　　　　　　　　　　　　　　　年　　月　　日

申请企业名称	中　文	
	英　文	
申请产品名称	中　文	
	英　文	

产品包装形式		包装规格	
检验登记单位		登记证号	
生产许可单位		许可证号	
商标名称		商标注册号	

企业情况	法人代表		电　话	
	详细地址			
	邮　编		传　真	
	联系人		电　话	
	领取营业执照时间		执照编号	
	职工人数		技术人员人数	
	固定资产		流动资金	
	生产经营范围			

申报产品情况	设计生产规模		实际生产规模	
	年销售量			
	主要销售区域			
	投产日期			
	年出口量			
	主要出口国家			
	专利及获奖情况			
省级绿色食品工作机构意见	盖章： 负责人签字： 　　　　年　　　月　　　日			
备　注				

产 品 情 况
（食品添加剂）

产品名称		产品名称英文	
通用名		通用名英文	
化学名		商品名	
分子式		分子量	

产品说明	使用范围	
	作　用	
	最大用量（克/千克）	
	稳定性	
	保质期	

质量标准（技术指标）：

安全性评价（包括微生物菌种）

应用效果试验

时　间	试验单位和地点	方　法	效　果

原料供应情况（包括微生物菌种）

原料名称	供应单位	登记许可情况 （证号）	年供应量	供应方式

主要生产设备、仪器（名称、型号、数量）

生产流程

产品分析方法

产品检测能力

自检（委托检测）			
委托单位		资　质	
检测项目	检测方法	检测频率	

在其他国家生产许可及登记情况

国　家	登记机构	登记日期及有效期	编　号	用　途

绿色食品生产资料标志使用申请书
（兽　药）

申请企业＿＿＿＿＿＿＿＿＿＿＿＿＿＿＿＿＿（盖章）

申请产品＿＿＿＿＿＿＿＿＿＿＿＿＿＿＿＿

申请日期＿＿＿＿＿＿年＿＿＿月＿＿＿日

中国绿色食品协会制

申请使用绿色食品生产资料标志

声　明

　　我公司已充分了解绿色食品生产资料标志使用许可管理的有关规定，自愿申请在申报产品上使用绿色食品生产资料标志。

　　现郑重声明如下：

　　1. 保证《绿色食品生产资料标志使用申请书》中填写的内容和提供的有关材料全部真实、准确，如有虚假成分，本公司愿负法律责任。

　　2. 在绿色食品生产资料标志使用期间，保证严格遵守国家的法律法规，按绿色食品生产资料的有关标准、技术规范及标志管理要求组织生产、加工和销售。愿意接受中国绿色食品协会和省级绿色食品工作机构组织实施的审核检查和年度检查等监督管理措施。

　　3. 凡因产品质量问题给绿色食品生产资料证明商标造成不良影响，愿接受中国绿色食品协会所做的决定，并承担经济和法律责任。

申请企业：　　　　　　　（盖章）

法人代表：　　　　　　　（签字）

年　　　月　　　日

		中　文	
申请企业名称		英　文	
申请产品名称		中　文	
		英　文	
产品包装形式		包装规格	
检验登记单位		登记证号	
生产许可单位		许可证号	
商标名称		商标注册号	
企业情况	法人代表		电　话	
	详细地址			
	邮　编		传　真	
	联系人		电　话	
	领取营业执照时间		执照编号	
	职工人数		技术人员人数	
	固定资产		流动资金	
	生产经营范围			

申报产品情况	设计生产规模		实际生产规模	
	年销售量			
	主要销售区域			
	投产日期			
	年出口量			
	主要出口国家			
	专利及获奖情况			
省级绿色食品工作机构意见	盖章： 负责人签字： 　　　　　　年　　　月　　　日			
备　　注				

产 品 情 况
（兽 药）

产品名称		产品名称英文	
通用名		通用名英文	
商品名		化学名	
类　别		剂　型	
结构式			

产品说明	批准文号	
	毒　性	
	适用对象	
	治疗作用	
	使用剂量	
	使用方法	
	配伍禁忌	
	停药期	
	不良反应	
	最高残留量	
	有效期限	
	贮存条件	

（续表）

	有效成分及其含量（%）	其他成分（包括辅料、助剂）名称及其含量
原料药		
制剂 （成药）		

原料药理化性质：

原料药生产工艺简述（或原料药来源）：

制剂理化性质：

毒理学（包括菌种）

毒性试验项目	给药途径	试验动物	结　果	试验单位

药效试验

项　　目	药理试验	临床试验
时　间		
地　点		
剂　型		
试验动物		
给药途径		
剂　量		
效　果		

原料（包括助剂等）

原料名称	供应单位	农药登记证	年供应量	供应方式

主要生产设备、仪器（名称、型号、数量）

制剂生产工艺流程

产品分析方法

原药：
制剂：

产品检测能力

自检（委托检测）			
委托单位		资　质	
检测项目	检测方法	检测频率	

在其他国家生产许可及登记情况

国　家	登记机构	登记日期及有效期	编　号	用　途

绿色食品生产资料企业检查表

中国绿色食品协会制

说 明

1. 根据《绿色食品生产资料标志管理办法》规定，制定的《绿色食品生产资料企业检查表》适用于绿色生资企业的现场检查评价。

2. 本检查表分为：企业概况和企业管理、生产条件、质量管理、质检能力5个部分。"企业概况"中各项由绿色生资管理员核定后填表，其他4个部分须检查，共有35项。其中，"＊"代表关键项，应重点检查。

3. 检查组按检查内容及其要求，对企业逐项进行检查并评定。评定分为"合格""基本合格"（存在问题）和"不合格"三级，分别打上"A""B""C"符号。对"B""C"项具体说明存在的问题及其改进或纠正意见。

4. 申报产品不涉及的项目，应在"□无"打钩。

5. 对检查结果进行汇总，按A、B、C各级的总数及关键项和一般项分别统计。

6. 检查项目全部评定为"合格"的，可以申报绿色生资。关键项2.2、3.4、3.5、3.7、3.8、3.11中有一项为"不合格"的，一年之内不得申报。"基本合格"及以下的，限期一个月整改，再次现场检查合格的，可以申报绿色生资；限期整改后仍不合格的，一年之内不得申报。

7.《绿色食品生产资料企业检查表》要求在现场填写。现场检查完成后，要求申请企业法人（或总经理）签字，对检查结果及意见加以确认。

8. "总体评价"要求详细说明对企业及其产品的总体评价、同意申报的理由。

企业概况

申报单位			企业性质		
*产品名称 及申报量		注册商标		品　种	□单一 □系列 □多个
产　量		吨/年	销售量：国内　　吨/年，国外　　吨/年		
销售地域及出口国					
销售价	国内　　元/吨，国外　　元/吨				
技术力量	高级职称　　人，中级职称　　人，初级职称　　人				
	依托单位（或专家）：				
	合作方式：				

主要车间、实验室名称	任　务	规模、主要仪器设备

工艺流程（列出过程及各过程添加物）

原料名称	比　例	来　源	年进货量	购货方式

注：申报产品为系列或多个产品时，"产品名称及申报量"可另附页详细说明。

1. 企业管理

序 号	检查内容	标 准	检查方法	评 定	说 明
1.1	机构设置部门分工	企业设有生产管理、质量管理、采购和销售部门，有专（兼）职人员负责。部门职责分工明确，工作开展较好。——合格 机构设置和人员配备尚为合理，工作开展一般。——基本合格 机构设置和人员配备不全或不合理，职责不清。——不合格	查阅文件 查阅记录 座谈了解	□合格 □基本合格 □不合格	
1.2	企业领导	企业领导有专人全面负责企业的生产、质量管理工作，主管人具有中级以上专业技术职称或有多年实际工作经验，熟悉业务，懂管理，并履行了其职责。——合格 生产质量主管人具有一定专业知识和工作经验，履行职责尚好。——基本合格 企业未确定专门负责人，或负责人未能履行职责。——不合格	座谈了解 查阅文件 查阅记录	□合格 □基本合格 □不合格	
1.3	主要部门（研发、质管、车间主任、配料、质检等）负责人	主要技术岗位、管理部门负责人必须有中级以上职称或大专以上学历的技术职称。具备本岗位相应的技术和技能，完成工作任务较好。——合格 人员齐备，一般尚能完成工作任务。——基本合格 人员不齐备或技术力量较弱，难以胜任工作。——不合格	座谈了解 查阅文件 查阅记录	□合格 □基本合格 □不合格	
*1.4	生产管理人员须掌握绿色生资基本知识	生产管理人员经培训，掌握绿色生资基本知识，严格按绿色生资要求管理生产。——合格 生产管理人员对绿色生资基本知识有所了解，尚能按绿色生资要求管理生产。——基本合格 生产管理人员对绿色生资基本知识不了解。——不合格	查阅文件 查阅记录 现场提问	□合格 □基本合格 □不合格	

（续表）

序号	检查内容	标准	检查方法	评定	说明
1.5	特殊工种人员	有专职机械设备、水电维修人员，都取得相应的资格证书。——合格 有专职人员，少数人未取得资格证书，但有多年工作经验。——基本合格 无专职人员，或大多数人员未取得资格证书。——不合格	查阅文件 查阅记录 查看证书	□合格 □基本合格 □不合格	
1.6	文件管理	有文件管理制度，有部门或人员管理，文件管理到位。——合格 文件管理尚可。——基本合格 企业无管理制度，无部门或人员管理，文件管理较差乱。——不合格	查看制度 查看文件 查看记录	□合格 □基本合格 □不合格	

2. 生产条件

序号	检查内容	标准	检查方法	评定	说明
2.1	厂区及生产场所环境	各种污染源对厂区无污染，厂区清洁、平整无积水，生产区与生活区隔离较远。——合格 污染源影响不大，厂区平整，不太清洁，生产区与生活区有隔离但较近。——基本合格 污染源有影响，厂区不清洁、有积水，生产区与生活区无隔离。——不合格	现场查看	□合格 □基本合格 □不合格	
*2.2	污染防控措施	对污染有防控措施，三废排放达标，无异味，无垃圾和杂物堆放。——合格 三废排放达标，但略有不足。——基本合格 三废排放未达标，或有异味，垃圾和杂物未合理置放与处置。——不合格	查阅环保验收文件 现场查看	□合格 □基本合格 □不合格	

（续表）

序号	检查内容	标　准	检查方法	评　定	说　明
2.3	厂　房	有固定的并符合要求的标准厂房，生产车间的结构、高度、设施等能满足生产要求（如温度、湿度、亮度、空气洁净度）。——合格 厂房存在缺陷，但有辅助补救措施。——基本合格 不能满足生产要求。——不合格	现场考察 实地测量	□合格 □基本合格 □不合格	
2.4	库房（原料及产品库）	库房整洁，有良好的防潮、防火、防鼠、防虫等设施（不使用化学药剂），库房温度、湿度符合原辅料、成品存放要求，物品摆放合理，保存良好。——合格 库房尚整洁，设施不够完善，物品保存一般。——基本合格 库房不整洁较乱，无防患设施或使用化学药剂防虫杀鼠，物品保存不好。——不合格	现场查看 查阅记录	□合格 □基本合格 □不合格	
2.5	生产设备和配套设施	设备和设施的配备及其性能、精度能满足生产工艺的要求。——合格 具有必备的生产设备，但个别设备需要完善。——基本合格 生产设备不齐全，或其性能、精度不能满足生产工艺的要求。——不合格	查阅台账 现场查看 查阅记录	□合格 □基本合格 □不合格	
2.6	设施、设备、工具及容器等维护保养和清理	建有维护保养制度，设施、设备、工具及容器保养良好，使用前、后按规定进行清洁、护理。——合格 建有制度，但执行不够严格。——基本合格 未建立维护保养制度，或虽有制度，但并未执行。——不合格	查阅文件 现场查验 查阅记录	□合格 □基本合格 □不合格	

3. 质量管理

序 号	检查内容		标 准	检查方法	评 定	说 明
*3.1	质量标准		产品执行标准符合相关的国家、行业及地方标准，符合绿色生资标志许可条件，系列产品制定有企业标准并经备案。——合格 企业标准个别项目不明确。——（限期改进）基本合格 无企业标准或未经备案。——不合格	查阅标准 查阅证明	□合格 □基本合格 □不合格	
*3.2	人员	质量管理部门	有专门机构和专人负责质量管理，厂级一名领导主管质量，管理人员熟知质量目标，具有一定的质量管理和产品生产知识，管理严格。——合格 有机构，管理人员到位，但管理不够严格。——基本合格 机构、人员不齐备，或人员不具备管理素质，管理较差。——不合格	座谈了解	□合格 □基本合格 □不合格	
3.3		生产部门	生产技术人员了解质量标准和相关要求，有较高的专业技术知识，能掌握生产关键点，严格执行相关标准。——合格 技术人员了解质量标准，掌握一定的专业知识。一般能执行相关标准。——基本合格 技术人员不太了解质量标准和相关要求，不能认真执行标准。——不合格	座谈了解	□合格 □基本合格 □不合格	
*3.4	原料及辅料	原料、辅料来源	原料、辅料有固定的供货渠道，与供货单位签有长期合同，合同及发票齐全。——合格 原、辅料由正规公司（商店）购入，每年签定合同，合同及发票齐全。——基本合格 原料、辅料购自市场，无固定供货单位。无合同、发票。——不合格	查阅票据 库房核查	□合格 □基本合格 □不合格	
*3.5		原料（种植产品）质量	通过认定的绿色食品；或绿色食品标准化生产基地的产品；或经绿色食品工作机构认定，按绿色食品生产方式生产，达到绿色食品标准的自建基地的产品。——合格 原料非绿色食品，或证书已过有效期，或自建基地，未达到绿色食品质量要求；含有转基因及其他禁用成分。——不合格	查阅证书 查阅合同与发票 查阅记录	□合格 □不合格 □无	

（续表）

序　号	检查内容		标　准	检查方法	评　定	说　明
*3.6	原料及辅料	自行（代）加工原料（如豆粕）	加工原料、加工工艺及其产品符合绿色食品（生产资料）有关标准要求，有符合工艺要求的配套加工设备和设施，代加工品与非绿色食品区分管理制度和措施健全。——合格 原料、工艺、产品基本都能达到绿色食品标准要求，但代加工的区分管理措施须完善。——基本合格 原料、工艺、产品任一项未能达到绿色食品标准要求，代加工的无区分管理制度和措施。——不合格	现场（库房、加工厂）查看查阅记录	□合格 □基本合格 □不合格 □无	
*3.7		其他原料、辅料	产品按规定获得生产许可证、批准文号、登记证等；产品等级符合要求；天然植物符合 GB/T 19424 要求。——合格 未按规定获得有关证件，或产品等级不符合要求；天然植物不符合国标要求。——不合格	查阅记录	□合格 □不合格 □无	
*3.8		微生物菌种	生产用菌种获得具法定资质的检测机构出具的安全鉴定报告。——合格 无菌种安全鉴定报告，或检测单位不具法定资质。——不合格	查阅证明文件	□合格 □不合格 □无	
*3.9		原料检测、验收制度	原料有验收制度，每批次对主要成分和有害物进行检测。——合格 原料有验收制度，由供货方提供检测报告或定期抽样检测。——基本合格 未建立验收制度，或必要的检测未进行；无相关记录。——不合格	查阅文件查阅检测报告查阅记录	□合格 □基本合格 □不合格	

（续表）

序　号	检查内容		标　准	检查方法	评　定	说　明
*3.10	生产过程	工艺规程	各工段制定有生产工艺规程、生产流程图或作业指导书；关键质量控制点及其操作控制程序。规程符合绿色生资质量标准的要求，并经正式批准。生产过程质量管理制度及相应的考核办法。——合格 有规程和管理制度，但无考核办法。——基本合格 无操作规程，或无质量管理制度及相应的考核办法。——不合格	查阅文件	□合格 □基本合格 □不合格	
*3.11		生产投入品	所用生产投入品符合绿色生资相关规定，不添加使用绿色生资违禁品。——合格 生产投入品为绿色生资违禁品。或含有违禁品成分。——不合格	查阅记录 查看库房	□合格 □不合格	
3.12		操作人员	操作人员能按工艺文件正确进行生产操作；主要工段操作人员经有关部门培训，持证上岗。——合格 个别人员未完全按工艺文件进行生产操作。——基本合格 较多人员未按工艺文件进行生产操作；主要工段操作人员未经培训无证上岗。——不合格	现场查看 查阅记录 座谈了解	□合格 □基本合格 □不合格	
*3.13		生产记录和台账	各生产工序有记录；有完整的安全及质量台账，由专人负责，责任人（验收人）签字。——合格 有记录和台账，但无专人负责和验收。——基本合格 无记录和台账，或未形成制度。——不合格	查阅记录	□合格 □基本合格 □不合格	
3.14		安全生产	主要仪器设备有操作和定期维修记录，有安全生产制度和应急措施。——合格 有记录、制度和措施，但不够完善。——基本合格 无记录，无安全生产制度和应急措施。——不合格	查阅记录 现场查看	□合格 □基本合格 □不合格	

（续表）

序　号	检查内容		标　准	检查方法	评　定	说　明
3.15	产品	半成品和成品检验	有半成品及和产品检验制度，按规定方法在生产过程中和出厂前对半成品和产品进行检验，有完整的检验记录。——合格 检验工作和记录工作不够完善，或仅对产品检验。——基本合格 无检验制度（尤其产品）。——不合格	查看报告 现场查看	□合格 □基本合格 □不合格	
*3.16		不合格产品的管理	按不合格产品管理规定及时进行处理，并上报质管部门，查找并解决问题。有措施保证不合格产品不出厂。——合格 按规定处理个合格产品，但未进一步查找原因。——基本合格 无有关规定，或未执行规定。——不合格	现场查看 查阅记录	□合格 □基本合格 □不合格	
3.17		出厂产品	出厂产品有检验合格证，包装良好，标签符合有关规定，使用说明清楚。——合格 有检验合格证，包装尚好，标签和说明存在不足。——基本合格 无检验合格证，包装、标签和说明存在问题。——不合格	现场查看	□合格 □基本合格 □不合格	
*3.18	绿色生资和非绿色生资区分管理		绿色生资生产全程与非绿色生资有区分度管理制度和防混措施，效果良好。——合格 有制度，措施尚需完善，效果一般。——基本合格 无制度，或缺少有效措施。——不合格	查看文件 现场查看	□合格 □基本合格 □不合格	
3.19	售后服务		对产品质量有承诺保证措施，有售后服务网络，人员落实，对反馈信息及时处理，并记录在案。——合格 对产品质量有承诺保证措施，售后服务尚有不足。——基本合格 无承诺保证措施，无人管理售后服务。——不合格	查看文件 查看记录	□合格 □基本合格 □不合格	

4. 质检能力

序　号	检查内容	标　准	检查方法	评　定	说　明
4.1	质检室和人员	有专门质检室，其设施、仪器设备符合检测项目的要求，负责人具大专以上学历。检验员具有中专以上学历，经培训持证上岗。——合格 质检室及其设施、设备、人员基本符合要求，但负责人非专职，或少数检验员未经培训。——基本合格 设施、仪器设备不符合检测项目的要求，或人员不能适应工作需要。——不合格	现场查看 查看记录 查看证书	□合格 □基本合格 □不合格	
4.2	计量仪器设备	经计量部门检定，并在有效期内。——合格 未经检定，或有效期已过。——不合格	查看证书	□合格 □不合格	
4.3	委托检验	委托单位是法定资质的质量监测机构，有委托合同，检测任务、标准明确。——合格 委托检测任务和标准不够明确。——基本合格 委托单位不具法定资质，或无合同。——不合格	查看证件 查看合同	□合格 □基本合格 □不合格	
*4.4	检　测	在操作规程，有检测指标和检验方法，有规范的检测记录（原始、检测报告）、试剂标签规范健全，采用法定计量单位。留样、存档3年以上。——合格 基本符合上述标准，但记录不够规范，存档时间稍短。——基本合格 无规范，或无完整记录，标签不规范，无留样存档制度。——不合格	查看记录 现场查看	□合格 □基本合格 □不合格	

5. 检查结果

合格项总数	关键项	一般项
基本合格项总数	关键项	一般项
不合格项总数	关键项	一般项
不涉及项目数		
意 见	□ 全部合格，同意申报	
	□ 暂缓申报，限期整改（1~3 个月内完成）	
	□ 不同意申报	
企业对检查结论意见		

检查员签字：　　　　　　　　　　　　　企业负责人签字（盖章）：

　　　年　月　日　　　　　　　　　　　　　　　年　月　日

6. 总体评价

检查员签字：

年　月　日（盖章）

绿色食品生产资料标志
境外产品使用许可程序

(中国绿色食品协会 2012 年 9 月 13 日发布)

第一条 为加强绿色食品生产资料（以下简称绿色生资）标志境外产品使用许可的管理，规范境外许可工作，依据《绿色食品生产资料标志管理办法》，制定本程序。

第二条 境外申请人申请使用绿色生资标志按照本程序执行。中国香港、澳门、台湾地区申请人参照本程序执行。

第三条 凡具有法人资格，并获得所在国相关行政许可的生资生产企业，可作为绿色生资标志使用的申请人。申请人可以委托设在境内的办事处或代理机构代办申请。

第四条 申请使用绿色生资标志的产品（以下简称用标产品）必须同时符合下列条件：

（一）经申请人所在国法定部门或机构检验、登记；

（二）须在我国申请登记，经审查批准正式登记，并获得我国相关行政主管部门的进口许可；

（三）质量符合所在国相关技术标准，同时，必须达到我国的相关技术标准的要求，符合《绿色食品生产资料使用准则》；

（四）不造成使用对象产生和积累有害物质，不影响人体健康。有利于保护和促进使用对象的生长，或有利于保护和提高使用对象的品质；

（五）符合环保要求，在合理使用的条件下，对生态环境无不良影响；

（六）非转基因产品和以非转基因原料加工的产品。

第五条 申请人向中国绿色食品协会（以下简称协会）提出申请，提交《绿色食品生产资料标志 境外产品使用许可申请书》（中英文各一份）及相关材料。

第六条 协会收到上述申请材料后，30 个工作日内完成对申请材料的初审工作。

初审意见为"需要补充材料"的，申请人应在收到《绿色食品生产资料审核意见通知单》（以下简称《审核通知单》）后 30 个工作日内提交补充材料。协会收到补充材料并再次审核后，达到初审要求的，协会委派 2~3 名绿色生资管理员对申请用标企业及产品的原料来源、投入品使用和质量管理体系等进行现场检查，现场检查所需相关费用由境外申请人承担。现场检查合格，进行产品抽样。境外申请人将样品、产品执行标准寄送绿色生资产品质量定点监测机构，检测费由申请人承担。现场检查不合格，不安排产品抽样。初审不符合要求的，做出整改或暂停审核决定。

第七条　协会依据现场检查情况，在 30 个工作日内完成对初审合格材料的复审。在复审过程中，协会可根据有关生产资料行业风险预警情况，要求申请人对申请用标产品进行技术指标补测，产品检测由绿色生资产品质量定点检测机构执行，检测费由申请人承担。

第八条　绿色生资产品质量定点监测机构自收到样品、产品执行标准、检测费后，应在 20 个工作日内完成检测工作，出具产品检验报告并寄送到协会。

第九条　复审合格的，由协会组织绿色生资专家评审委员会在 15 个工作日内完成对申请用标产品的评审。复审不合格的，协会在 10 个工作日内书面通知企业，并说明理由。

第十条　协会依据绿色生资专家评审委员会的评审意见，在 15 个工作日内做出审核结论。

第十一条　审核结论合格的，申请人与协会签订《绿色食品生产资料标志商标使用许可合同》（以下简称《合同》）。审核结论不合格的，协会在 10 个工作日内书面通知申请人，并说明理由。

第十二条　按照《合同》规定，申请人须向协会分别缴纳绿色生资标志使用许可审核费和管理费。

第十三条　完成上述事项后，由协会颁发《绿色食品生产资料标志使用证》。

第十四条　协会对获得绿色生资标志使用许可的产品（以下简称获证产品）予以公告。公告内容包括：获证产品名称、编号、商标和企业名称。

第十五条　本程序由协会负责解释。

绿色食品生产资料标志使用许可续展程序

(中国绿色食品协会 2017 年 7 月 7 日发布)

第一条 为规范绿色食品生产资料（以下简称绿色生资）标志使用许可续展工作，依据《绿色食品生产资料标志管理办法》及有关实施细则，制定本程序。

第二条 续展是指绿色生资企业在绿色生资标志使用许可期满前，按规定时限和要求完成申请、审核和颁证工作，并被许可继续在其产品上使用绿色生资标志的过程。

第三条 中国绿色食品协会（以下简称协会）负责续展综合审核和颁证工作。省级绿色食品工作机构（以下简称省绿办）负责续展申请材料的初审、现场检查及有关组织协调工作。

第四条 续展申请企业（以下简称企业）应在绿色生资标志商标使用证（以下简称证书）有效期满前 3 个月向其所在地省绿办提交《绿色食品生产资料标志使用申请书》和续展材料一式两份（见附件 1 至附件 5）。增报产品应与续展产品同时提交申请材料。提交材料附目录，按顺序装订。

第五条 省绿办收到续展申请材料后，组织绿色生资管理员完成初审，并制定现场检查计划，同时通知企业。现场检查应安排在申报产品生产加工时段进行，由至少 2 名绿色生资管理员共同完成。

第六条 绿色生资管理员按《绿色食品生产资料企业检查表》（以下简称《检查表》）的检查内容和标准逐项检查、评定并予以说明。省绿办在证书有效期满前 1 个月将初审合格的续展申请材料和《检查表》一并报送协会，同时进行存档。

第七条 协会收到省绿办提交的初审合格材料和《检查表》后，在 10 个工作日内完成复审。复审结论为"需补充材料的"，省绿办需在收到审核意见通知单后 20 个工作日内将补充材料报送协会。

第八条 复审合格的，协会组织绿色生资专家评审委员会在 10 个工作日内完成对续展申请用标产品的评审。

第九条　协会依据绿色生资专家评审委员会的评审意见作出续展审核结论，并报协会领导审批。

第十条　审核合格的，企业与协会签订《绿色食品生产资料标志商标使用许可合同》（以下简称《合同》）。

第十一条　企业按照《合同》约定，向协会缴纳绿色生资标志使用许可审核费和管理费后，由协会颁发证书，证书起始时间与上一个周期的终止日期相衔接。

第十二条　初审、现场检查和综合审核中任何一项不合格者，本年度不再受理其申请。

第十三条　未按规定时限完成续展的，再行申请使用绿色生资标志时，按初次申请程序执行。

第十四条　本程序由协会负责解释。

第十五条　本程序自颁布之日起施行，原《绿色食品生产资料标志使用许可续展程序》废止。

附件 **1**

绿色食品生产资料肥料类产品续展材料

（一）企业营业执照复印件；

（二）产品《肥料正式登记证》或《肥料临时登记证》复印件；

（三）产品安全性资料，包括毒理试验报告、杂质（主要重金属）限量、卫生指标（大肠杆菌、蛔虫卵死亡率）；产品中添加微生物成分的应提供使用的微生物种类（拉丁种、属名）及具有法定资质的检测机构出具的菌种安全鉴定报告复印件，已获农业部登记的微生物肥料所用菌种可免于提供；经绿色生资管理员确认原料（微生物菌种）种类、来源和工艺无变化，并在《检查表》上注明，可免于提交；

（四）县级以上环保行政主管部门出具的环保合格证明；生产加工场地、设施、设备及配套的污染防治设施和措施、相关环境管理制度未发生变化的，经绿色生资管理员确认，并在《检查表》上注明，可免于提交；

（五）外购肥料原料的，提交购买合同及购买发票复印件；

（六）产品执行标准复印件；

（七）具备法定资质的质量监测机构出具的两年内的产品质量检验报告复印件，检测报告中应包括有害物质和卫生指标；

（八）产品商标注册证复印件；

（九）产品包装标签及产品使用说明书。

附件 **2**

绿色食品生产资料农药类产品续展材料

（一）企业营业执照复印件；

（二）相关产品《工业产品生产许可证》（批准证书）复印件；

（三）农业部颁发的《农药登记证》复印件；

（四）原药的《生产许可证》及《农药登记证》复印件；

（五）县级以上环保行政主管部门出具的环保合格证明；

（六）外购原药和助剂的，提交购买合同及购买发票复印件；

（七）产品执行标准复印件；

（八）具备法定资质的质量监测机构出具的两年内的产品质量检验报告复印件；

（九）产品商标注册证复印件；

（十）产品包装标签及产品使用说明书。

附件 3

绿色食品生产资料饲料及饲料添加剂类产品续展材料

（一）企业营业执照复印件；

（二）企业《生产许可证》和产品批准文号复印件；

（三）县级以上环保行政主管部门出具的环保合格证明；生产加工场地、设施、设备及配套的污染防治设施和措施、相关环境管理制度未发生变化的，经绿色生资管理员确认，并在《检查表》上注明，可免于提交；

（四）以绿色食品产品或绿色食品原料标准化生产基地产品为原料的，须提交相关证书、采购合同及购买发票复印件；

（五）自建基地在地点、种植面积无变化的情况下，经绿色生资管理员确认，并在《检查表》上注明，可免于提交环境监测及评价报告、生产规程、农户清单，但仍需提供基地与农户购销合同（协议）及购买发票（收据）复印件；

（六）若委托加工的，需提交委托加工协议和区分管理制度；

（七）产品原料需外购的，提交购买合同及购买发票复印件；复合维生素产品要提交标签原件；进口原料需提交饲料、饲料添加剂进口登记证；

（八）产品执行标准复印件；

（九）具备法定资质的质量监测机构出具的两年内的产品质量检验报告复印件；

（十）产品商标注册证复印件；

（十一）产品包装标签及产品使用说明书。

附件4

绿色食品生产资料食品添加剂类产品续展材料

（一）企业营业执照复印件；

（二）企业《生产许可证》复印件；

（三）复合食品添加剂提交产品配方等相关资料；

（四）县级以上环保行政主管部门出具的环保合格证明；生产加工场地、设施、设备及配套的污染防治设施和措施、相关环境管理制度未发生变化的，经绿色生资管理员确认，并在《检查表》上注明，可免于提交；

（五）以绿色食品产品或绿色食品原料标准化生产基地产品为原料的，须提交相关证书、采购合同及购买发票复印件；

（六）自建基地在地点、种植面积无变化的情况下，经绿色生资管理员确认，并在《检查表》上注明，可免于提交环境监测及评价报告、生产规程、农户清单，但仍需提供基地与农户购销合同（协议）及购买发票（收据）复印件；

（七）外购原料的，提交购买合同及购买发票复印件；

（八）产品执行标准复印件；

（九）具备法定资质的质量监测机构出具的两年内的产品质量检验报告复印件；

（十）产品商标注册证复印件；

（十一）产品包装标签及产品使用说明书。

附件 **5**

绿色食品生产资料兽药类产品续展材料

（一）企业营业执照复印件；

（二）企业《兽药生产许可证》和产品批准文号复印件；

（三）《兽药 GMP 证书》复印件；

（四）县级以上环保行政主管部门出具的环保合格证明；生产加工场地、设施、设备及配套的污染防治设施和措施、相关环境管理制度未发生变化的，经绿色生资管理员确认，并在《检查表》上注明，可免于提交；

（五）产品执行标准复印件；

（六）具备法定资质的质量监测机构出具的两年内的产品质量检验报告复印件；

（七）产品商标注册证复印件；

（八）产品包装标签及产品使用说明书。

绿色食品生产资料标志商标
使用许可合同

合同编号：＿＿＿＿＿＿＿＿＿

标志使用许可人（甲方）：中国绿色食品协会

地址：　　　　　　　邮编：

电话：　　　　　　　传真：

开户名称：

开户银行：

账　　号：

标志使用被许可人（乙方）：

地址：　　　　　　　邮编：

电话：　　　　　　　传真：

联系人：　　　　　　电话：　　　　手机：

根据《中华人民共和国商标法》及《中华人民共和国商标法实施条例》和《绿色食品生产资料标志管理办法》（以下简称《管理办法》）及其实施细则的有关规定，甲乙双方遵循自愿和诚信的原则，经协商一致，签定本商标使用许可合同。

第一节　总　则

第一条　绿色食品生产资料标志（以下简称绿色生资标志）是在国家商标局注册的证明商标，用以标识和证明适用于绿色食品生产的生产资料。注册号为：第4293993 号至第 4293996 号，核准商品为《商标注册用商品和服务性国际分类》第 1、

5、16、31 类。

  第二条 甲方是证明商标的唯一所有权人和许可权人。甲方根据国家有关法律、法规和有关规定实施商标使用许可。

  第三条 乙方已充分了解《管理办法》及其实施细则等有关规定，在此基础上，愿意按照本合同的约定，获得绿色生资标志使用权，并接受甲方有关绿色生资标志使用的监督管理；甲方愿意在乙方遵守绿色生资标志有关管理规定及本合同的前提下，许可乙方在核准产品上使用绿色生资标志。

第二节 标志使用许可

  第四条 甲方根据许可结论，按照本合同条款，许可乙方在其产品_____

_____

_____

_____

上使用绿色生资标志，其核准产量在《绿色食品生产资料标志使用证》（以下简称《使用证》）中注明。

  第五条 绿色生资标志的使用范围仅限于获证产品和核准产量。乙方不得超范围使用绿色生资标志。

  第六条 乙方不得以任何目的、任何形式将绿色生资标志转让或许可第三者使用。

第三节 标志使用形式

  第七条 乙方将绿色生资标志用于产品包装，必须符合《管理办法》和《绿色食品生产资料证明商标设计使用规范》（以下简称《设计使用规范》）的要求，必须同时附有获证产品编号。《设计使用规范》内容如有实质性变动，甲方应书面通知乙方。

  第八条 乙方必须按照核准的设计样稿印制产品包装和标签及产品使用说明书。

第四节 缴 费

  第九条 乙方必须向甲方缴纳绿色生资标志使用许可审核费（包含申请费、审核许可费、公告费）及标志使用管理费。

  各年缴纳数额及时限为：

  第一年，审核费_____元，管理费_____元，于领取《使用证》前缴纳；

  第二年，管理费_____元，于_____年___月___日前缴纳；

第三年，管理费_____元，于____年___月___日前缴纳。

第十条 乙方逾期六个月未缴纳管理费，则视为自动放弃标志使用权。

第十一条 乙方再次申请使用绿色生资标志使用权，必须先行补缴以往欠费。

第五节 使用证

第十二条 乙方与甲方签定本合同并交纳审核费和第一年的管理费后，甲方在十个工作日内向乙方颁发《使用证》（以寄发日为准）。该《使用证》是合法使用绿色生资标志的唯一凭证。

第十三条 无论何种原因，乙方一旦失去获证产品的绿色生资标志使用权，所持该获证产品的《使用证》即行失效。

第六节 监督管理

第十四条 乙方同意严格按照绿色生资许可条件和管理制度组织生产。乙方如需改变技术标准、工艺条件或原料来源，必须事先报经甲方核准。

第十五条 乙方同意接受甲方组织实施的产品质量监督抽检，产品质量监督抽检的费用由甲方负担。如需整改后复检，其费用由乙方负担。以上检测所需的样品均由乙方按标准无偿提供。乙方要求的仲裁检测，其费用先由乙方垫付，再根据检测结果由责任方负担。

第十六条 乙方同意接受甲方组织实施的企业年度检查。甲方可根据质量监督的需要，检查乙方的生产环境、原料来源、生产过程、生产规模以及化验室、原料库、半成品库、成品库、包装及物料库等有关场所，查阅有关档案资料及票据，抽取检测样品。乙方应为检查工作提供便利条件。

第十七条 乙方同意接受甲方对标志使用情况的监督检查，遵照甲方的要求停止和纠正不符合《设计使用规范》规定的使用形式及其他违反《管理办法》及其实施细则中规定的行为。

第十八条 乙方应当保证绿色生资产品的质量并对其承担全部责任。

第七节 权 利

第十九条 当乙方发生《管理办法》第二十五条中所列问题时，甲方有权向其提出限期整改的要求，乙方必须按照甲方要求的标准和期限进行整改并接受甲方的监督检查。否则，甲方有权终止本合同并取消其标志使用权，而不必经过行政或司法裁决。

第二十条 当乙方发生《管理办法》第二十六条中所列问题时，甲方有权终止本合同并取消其标志使用权，而不必经过行政或司法裁决。

第八节 许可期限与终止

第二十一条 许可使用绿色生资标志的期限为三年，有效使用期以《使用证》为准。乙方如继续使用，**必须于期满前九十天提出申请**，经甲方审核合格后，另行签定《绿色食品生产资料商标使用许可合同》（以下简称《许可合同》）。

第二十二条 发生下列情况之一，本《许可合同》自动终止：

（一）乙方因任何原因失去绿色生资标志使用权；

（二）乙方丧失绿色生资生产条件，未按照《管理办法》的规定在一个月内向甲方提出暂停使用绿色生资标志申请；

（三）乙方停业、解散、倒闭，或者失去原独立法人资格和独立承担民事责任的能力。

第二十三条 发生许可终止的情况，乙方必须自终止之日起停止使用绿色生资标志。

第二十四条 当许可期满终止，乙方如不再申请或未获准继续使用绿色生资标志，其产品不得继续使用附有绿色生资标志的包装和物料。

第二十五条 因任何原因导致许可终止，乙方均必须在本合同规定的期限内停止使用绿色生资标志，并向甲方交回《使用证》。任何继续使用绿色生资标志或《使用证》的，均属侵权行为。

第二十六条 甲方负责绿色生资证明商标注册的续展，保证在许可期内商标注册的有效性和商标许可的合法性。

第九节 公 告

第二十七条 甲方通过媒体对下列产品予以公告：

（一）获得《使用证》的产品；

（二）无论何种原因终止许可的产品。

第二十八条 公告内容包括：获证产品名称、编号、商标、企业名称以及终止许可的原因。

第十节 附 则

第二十九条 本合同如需修改或补充，须经甲、乙双方协商一致，签定修改或补充条款。

第三十条 因本合同的解释和履行而引起的争议，甲、乙双方应先行协商解决，若自争议发生之日起三十日内双方仍未能达成一致意见，则任何一方均有权向甲方所在地有管辖权的人民法院起诉。

第三十一条 甲方委托乙方所在地省级绿色食品工作机构行使有关绿色生资标志管理的职责。

第三十二条 本合同自签定之日起生效，有效期为三年。

第三十三条 本合同一式三份，甲、乙双方和乙方所在地省级绿色食品工作机构各执一份。

标志使用许可人（甲方）：　　　　　　标志使用被许可人（乙方）：

盖章：　　　　　　　　　　　　　　盖章：

法定代表人：　　　　　　　　　　　法定代表人：

年　　月　　日　　　　　　年　　月　　日

绿色食品生产资料标志使用许可审核管理收费标准

（中国绿色食品协会 2012 年 9 月 13 日发布）

根据《绿色食品生产资料标志管理办法》第十三条规定，核定绿色食品生产资料标志使用许可审核费（以下简称审核费）和管理费收费标准如下。

一、审核费

（一）单个核准产品每个收取 8 000 元；

（二）同时核准的同类系列产品，每增加一个收取 2 000 元；超过两个以上部分，每增加一个收取 1 000 元；

（三）同时核准多个产品，每增加一个收取 4 000 元；超过两个以上部分，每增加一个收取 2 000 元。

二、管理费

产品种类		第一年（元/个）	第二年（元/个）	第三年（元/个）	系列产品（元/每增加一个）	多个产品（元/每增加一个）
肥料	有机肥料微生物肥料	6 000	8 000	8 000	500	1 000
	其他肥料	10 000	12 000	12 000	500	1 000
农药	生物源农药矿物源农药	6 000	8 000	8 000	500	1 000
	有机合成农药	12 000	18 000	18 000	1 000	2 000
饲料及饲料添加剂	各类产品	10 000	12 000	12 000	500	1 000

（续表）

产品种类		第一年（元/个）	第二年（元/个）	第三年（元/个）	系列产品（元/每增加一个）	多个产品（元/每增加一个）
兽药	各类产品	10 000	12 000	12 000	500	1 000
食品添加剂	天然食品添加剂	6 000	8 000	8 000	500	1 000
	化学合成添加剂	12 000	18 000	18 000	1 000	2 000
其他	各类产品	10 000	12 000	12 000	500	1 000

三、续展产品

续展产品审核费减免50%，管理费不变。

第四篇

标志管理与质量监督

绿色食品生产资料证明商标设计使用规范

说　　明

一、《绿色食品生产资料证明商标设计规范》是对绿色食品生产资料商标、文字及其产品编号在产品、广告等媒介上的设计、使用进行规范的指导性工具资料，主要提供绿色食品管理机构、绿色食品生产资料商标使用单位广告设计和制作使用。

二、设计使用规范对商标、标准色、标准文字等基本要素所做的标准化规定，无论在任何包装上使用，均只能根据需要按比例缩放，不得就各要素间的尺寸做任何更改；绿色食品生产资料商标作为商标使用时必须按要求正确使用，凡商标图形出现时，必须附注册商标符号®，若遇手册未做出明确规范的情况时，必须将自行设计稿报经我协会批准，才可使用。

三、设计使用规范对统一绿色食品生产资料包装整体形象和加强商标的使用管理起着重要作用。凡经我协会许可使用绿色食品生产资料证明商标的单位，应严格按设计使用规范要求将商标用于绿色食品生产资料包装上。

四、本设计使用规范的解释权属中国绿色食品协会。

中国绿色食品协会

2013 年 6 月

目　录

绿色食品生产资料商标及其含义

绿色食品生产资料商标

绿色食品生产资料证明商标在国家商标局注册，用以标识和证明生产资料安全、有效、环保，适用于绿色食品生产。

绿色生产资料商标由三部分构成：绿色外圆，代表安全、有效、环保，象征绿色生资保障绿色食品产品质量、保护农业生态环境的理念；中间向上的三片绿叶，代表绿色食品种植业、养殖业、加工业，象征绿色食品产业蓬勃发展；基部橙色实心圆点为图标的核心，代表绿色食品生产资料，象征绿色食品发展的物质技术基础。

绿色食品生产资料商标标准结构

制作标准图

绿色食品生产资料商标及文字的标准色

绿色食品生产资料商标图形

绿色食品生产资料中文基本署式

绿色：C100 / Y90

橙色：M70 / Y100

标准色

黑色商标

黑色商标和文字仅限使用在黑白印刷之中，可采用标志反白形式。在彩色广告及包装设计中，不能使用黑色商标和文字。

绿色食品生产资料商标使用规范

在使用商标过程中注意上下左右预留 2 个 A 空间，商标最小使用直径为 4mm。

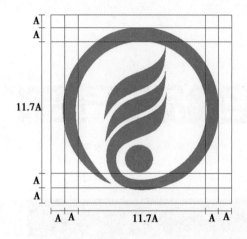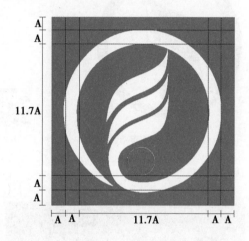

上下左右预留空间图示

最小使用直径4mm

最小使用直径图示

绿色食品生产资料商标方格定位

绿色食品生产资料商标作为商标使用时，必须加®。可加在下图所示位置。

方格定位图

绿色食品生产资料商标在包装上与产品编号的配合

组合运用在绿色食品生产资料商品包装上，标志图形采用反白形式，圆点的色值（M70/Y100）不变。根据包装物的形状的需要，可选择组合 A 和组合 B。当包装物形状为矩形时，一般应采用组合 A。

绿：C100 / Y90　橙：Y100 / M70　黑：K100

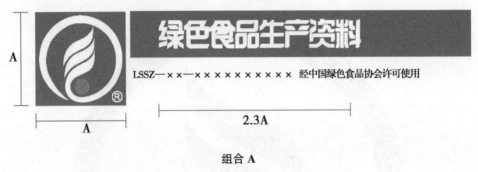

组合 A

绿：C100 / Y90　橙：Y100 / M70　黑：K100

组合 B

绿色食品生产资料商标在方形包装(标签)上和产品编号的配合

方形类（包括长方形）包装（标签），绿色食品生产资料商标、文字和使用绿色食品生产资料商标的产品编号，形成整体组合。该组合应出现在产品包装（标签）的醒目位置，通常置于最上方，和整个包装（标签）保持一定的比例关系（如右图所示），不得透叠其他色彩图形。产品编号应以该产品获得的商标许可使用证书为准，其后可附"经中国绿色食品协会许可使用"的说明，并须与商标图形出现在同一视野。

方形包装(标签) 上商标和产品编号的配合

如方形或长方形包装（包括小包装、纸箱类）的 4 个展销面都印有标签内容，则商标组合至少应出现在一个主面上，并和该商品名处于同一视野。

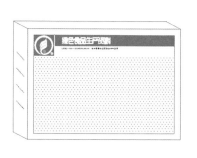
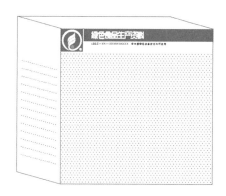

商标组合至少出现在一个主面上

绿色食品生产资料商标在系列化包装袋上和产品编号的配合

商标组合图形在包装袋上，其位置与封口处可酌情保持一定距离。

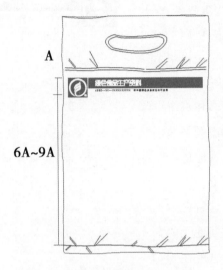

带提手包装袋上商标和产品编号的配合

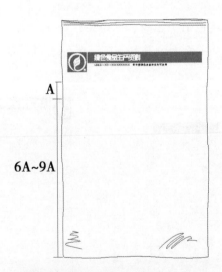

无提手包装袋上商标和产品编号的配合

绿色食品生产资料商标在瓶装包装(标签)上和产品编号的配合

商标组合图形在瓶形（玻璃瓶或塑料瓶）包装（标签）上的使用时，原则上可使用组合 A，但在排版上有冲突时，也可使用组合 B。

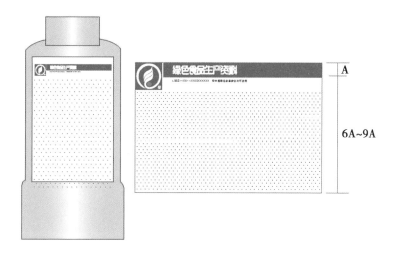

瓶形包装（标签）上商标和产品编号的配合

商标组合图形在圆柱形包装上的使用，当圆柱标贴高度与直径相比大于 1∶1 时，商标与贴的高度比可相应改变。

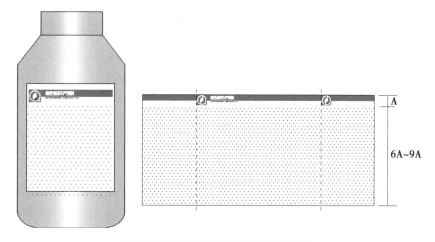

圆柱标贴上商标和标贴高度比相应调整

绿色食品生产资料商标在桶形包装（标签）、瓶贴上和产品编号的配合

异形瓶贴类包装（标签）

可选择组合 B，置于画面下方，与包装（标签）保持一定的比例关系，不得透叠其他色彩与图形。如标签分正标和背标，则商标组合至少应出现在正标上。

异形瓶贴类包装（标签）上商标和产品编号的配合

桶类（金属桶或其他桶类）包装（标签）

可选择组合 B，置于画面的下方，与包装保持一定的比例关系，不得透叠其他色彩与图形。

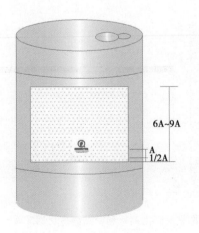

桶类包装（标签）上商标和产品编号的配合

绿色食品生产资料标志管理
公告、通报实施办法

(中国绿色食品协会 2012 年 9 月 13 日发布)

第一章 总 则

第一条 为了建立健全绿色食品生产资料（以下简称绿色生资）公告和通报制度，加强绿色生资标志管理工作，根据《绿色生资标志管理办法》和《绿色生资产品质量年度抽检工作管理办法》，制定本办法。

第二条 绿色生资公告是指通过媒体向社会发布绿色生资重要事项或法定事项。

第三条 绿色生资通报是指以文件形式向绿色生资及绿色食品工作系统及有关企业告知绿色生资重要事项或法定事项。

第四条 中国绿色食品协会（以下简称协会）负责发布绿色生资公告和通报。

第二章 公告、通报的事项

第五条 以下事项予以公告：

（一）通过协会审核并获得绿色生资标志使用许可的产品；

（二）经协会组织抽检或国家及行业监督检验，质量安全指标不合格，被协会取消标志使用权的产品；

（三）违反绿色生资标志使用规定，被协会取消标志使用权的产品；

（四）逾期未缴纳绿色生资标志使用费，视为其自动放弃标志使用权的产品；

（五）逾期未参加协会组织的年检，视为其自动放弃标志使用权的产品；

（六）绿色生资标志使用期满，逾期未提出续展申请的产品；

（七）其他有关绿色生资标志管理的重要事项或法定事项。

第六条 以下事项予以通报：

（一）本办法第五条第二至第六款予以公告的；

（二）因产品抽检不合格限期整改的；

（三）在标志管理工作中做出突出成绩的绿色生资管理机构、定点监测机构及有关个人予以表彰的；

（四）在标志管理工作中严重失职、造成不良后果的绿色生资管理机构、定点监测机构及有关个人予以批评教育，并做出相应处理的；

（五）绿色生资产品质量年度抽检结果；

（六）绿色生资管理员注册、考核结果；

（七）其他有关绿色生资标志管理的重要事项或法定事项。

第三章 公告、通报的内容、形式和范围

第七条 产品公告的内容包括：公告事由、企业名称、产品名称、商标、绿色生资产品编号；其他公告的内容根据具体事由确定。

第八条 通报的内容包括：

（一）本办法第七条规定的产品公告内容；

（二）限期整改企业的名称、产品名称、商标、绿色生资产品编号、整改原因、整改期限等；

（三）其他通报的内容根据具体事由确定。

第九条 公告的形式以全国发行的报纸杂志和国际互联网等为载体公开发布。

第十条 通报的形式为协会印发《绿色生资标志管理通报》寄送各级绿色食品管理机构、定点监测机构和绿色生资行政主管部门及有关企业。

第四章 公告、通报的发布

第十一条 协会负责公告、通报的具体工作。

第十二条 涉及终止标志使用许可、企业整改、表彰、处罚的公告和通报，协会应先做出相应处理决定，再依据处理决定发布公告或通报。

第十三条 协会做出终止标志使用许可的处理决定前，应函告相关委托管理机构和企业。在确认无异议后，方可公告或通报。对处理意见有异议的，应于接到函告 5

个工作日（以当地邮戳日期为准）内向协会书面提出，逾期则视为无异议。协会应于接到书面异议后 10 个工作日内核实情况，并做出相应的处理决定。

第十四条 公告时限如下：

（一）符合第五条第一款，自标志使用许可之日起 3 个月内公告。

（二）符合第五条第二至第三款的，自做出处理决定之日起 2 个月内公告。

（三）符合第五条第四至第六款的，逾期 3 个月后公告。

（四）符合第五条第七款的，及时予以公告。

第十五条 通报时限如下：

（一）符合第六条第一款的，自公告之日起 1 个月内通报。

（二）符合第六条第二至四款的，自做出决定之日起 5 个工作日内通报。

（三）绿色生资产品质量年度抽检结果于次年第一季度通报。

（四）符合第六条第六至第七款的，及时予以通报。

第五章　　申请复议和投诉

第十六条 企业对协会公告、通报内容有异议的，可于公告、通报之日起 15 天内向协会书面提出复议申请。

第十七条 协会在收到复议申请 15 个工作日内将复议结果通知复议申请人。如确认公告或通报内容有误，协会应于 15 日内以公告或通报的形式予以更正。

第十八条 发现在公告、通报过程中有违反国家或协会有关规定的行为，任何人都可以向协会书面投诉，协会查实后按有关规定严肃处理，并将处理结果通知投诉人。

第六章　　附　　则

第十九条 本办法由协会负责解释。

第二十条 本办法自颁布之日起施行。

绿色食品生产资料年度检查工作管理办法

(中国绿色食品协会 2017 年 7 月 7 日发布)

第一章 总 则

第一条 为进一步规范绿色食品生产资料（以下简称绿色生资）企业年度检查（以下简称年检）工作，加强绿色生资产品质量和标志使用监督检查，根据《绿色食品生产资料标志管理办法》及有关实施细则，制定本办法。

第二条 年检是指绿色食品工作机构对辖区内获得绿色生资标志使用权的企业，在一个标志使用年度内的绿色生资生产经营活动、产品质量及标志使用行为实施的监督、检查、考核、评定等。

第二章 年检的组织实施

第三条 年检工作由省级绿色食品工作机构（以下简称省绿办）负责组织实施，绿色生资管理员具体执行。

第四条 省绿办根据本地区的实际情况，制定年检工作实施办法，并报中国绿色食品协会（以下简称协会）备案。

第五条 省绿办要建立完整的企业年检工作档案，内容包括产品用标概况、年检时间、年检中的问题（质量、用标、缴费、其他）及处理意见、绿色生资管理员签字等。档案至少保存 3 年。

第六条 协会对各地年检工作进行指导、监督和检查。

第三章 年检程序

第七条 企业使用绿色生资标志一个年度期满前 2 个月,省绿办向企业发出实施年检通知,并告知年检的程序和要求。

第八条 企业接到通知后,应按年检内容和要求对年度用标情况进行自检,并向省绿办提交自检报告。

第九条 省绿办指派绿色生资管理员对企业自检报告进行审查,审查按年检内容逐项进行,根据企业实际情况提出问题,并确定企业年检的重点和日程。

第十条 绿色生资管理员按年检内容及检查重点对企业进行现场检查,填写《绿色生资年度检查表》(附表 1)。

第十一条 省绿办须于每年 12 月 20 日前将本年度年检工作总结和《绿色生资年度检查表》电子版报协会备案。

第四章 年检内容

第十二条 年检的内容是通过现场检查企业的产品质量控制体系情况、规范使用绿色生资标志情况和绿色生资使用许可合同执行情况等。

第十三条 产品质量控制体系情况,主要检查以下方面:

(一)企业的绿色生资管理机构设置和运行情况;

(二)绿色生资原料、辅料购销合同(协议)及其执行情况,发票和出入库记录登记等情况;

(三)自建原料基地的环境质量、基地范围、生产组织及质量管理体系等变化情况;

(四)绿色生资与非绿色生资(原料、成品)防混控制措施落实情况;

(五)产品生产操作规程、产品标准及绿色食品投入品准则执行情况;

(六)是否存在违规使用绿色生资禁用或限用物料情况;

(七)产品检验制度、不合格半成品和成品处理制度执行情况。

第十四条 规范使用绿色生资标志情况,主要检查以下方面:

(一)是否按照证书核准的产品名称、商标名称、获证单位、核准产量、产品编号和标志许可期限等使用绿色生资标志;

(二)产品包装设计是否符合国家相关产品包装标签标准和《绿色食品生产资料

证明商标设计使用规范》的要求。

第十五条 绿色生资使用许可合同执行情况，主要检查以下方面：

（一）是否按照《绿色食品生产资料标志商标使用许可合同》的规定按时、足额缴纳标志许可使用费；

（二）标志许可使用费的减免是否有协会批准的文件依据。

第十六条 其他检查内容，包括：

（一）企业的法人代表、地址、商标、联系人、联系方式等变更情况；

（二）接受国家法定登记管理部门和行政管理部门的产品质量监督检验情况；

（三）具备生产经营的法定条件和资质情况；

（四）进行重大技术改造和工业"三废"处理情况；

（五）产品销售及使用效果情况；

（六）审核检查和上年度现场检查中存在问题的改进情况。

第五章 年检结论处理

第十七条 省绿办根据年度检查结果以及年度抽检（或国家相关主管部门抽查）结果，依据绿色生资管理相关规定，做出年检合格、整改、不合格结论。需整改或不合格的应列出整改或不合格项目，并及时通知企业。

第十八条 年检结论为合格或整改合格的企业，省绿办可进行证书核准。企业应于标志年度使用期满前提交下列核准证书申请材料：

（一）《绿色生资年度检查表》；

（二）标志许可使用费当年缴费凭证；

（三）绿色生资证书原证。

省绿办收到申请后5个工作日内完成核准程序，并在证书上加盖"绿色生资年检合格章"。

第十九条 年检结论为整改的企业必须于接到通知之日起1个月内完成整改，并将整改措施和结果报告省绿办。省绿办应及时组织整改验收并做出结论。

第二十条 企业有下列情形之一的，年检结论为不合格：

（一）产品质量不符合绿色生资相关质量标准的；

（二）未遵守标志使用合同约定的；

（三）违规使用标志和证书的；

（四）以欺骗、贿赂等不正当手段取得标志使用权的；

（五）拒绝接受年检的；

（六）年检中发现企业其他违规行为的。

第二十一条 年检结论为不合格的企业，省绿办应直接报请协会取消其标志使用权。

第二十二条 获证产品的绿色生资标志使用年度为第三年的，其年检工作可由续展审核检查替代。

第六章　复议和仲裁

第二十三条 企业对年检结论如有异议，可在接到书面通知之日起 15 个工作日内向省绿办提出复议申请或直接向协会申请裁定，但不可以同时申请复议和裁定。

第二十四条 省绿办应于接到复议申请之日起 15 个工作日内向做出复议结论。协会应于接到裁定申请 30 个工作日内做出裁定决定。

第七章　附　则

第二十五条 本规范由协会负责解释。

第二十六条 本规范自颁布之日起施行。

附表 1

<h2 style="text-align:center">绿色生资年度检查表</h2>

（　　　年）

企业名称			
企业地址			
联系人		电话（手机）	
获证产品	注册商标	证书编号	批准产量
是否增加产量		标志许可使用费缴费时间	
问　题	以往现场检查（申报、年检、抽检等）中存在的问题：		
改进情况			
企业年度生产经营情况			

原料、辅料 来源情况	
产品质量控 制体系情况	
绿色生资标 志使用情况	
生产场所环 保达标情况	
标志使用费 缴纳情况	
绿色生资管理员 现场检查意见	管理员（签字）： 　年　　月　　日
企业意见	法　人（签字）： （加盖企业印章） 　年　　月　　日

地市级绿色食品 工作机构意见	 负责人（签字）： （加盖印章） 　　　　　年　　月　　日
省级绿色食品 工作机构意见	 负责人（签字）： （加盖印章） 　　　　　年　　月　　日

注：年检时企业应向绿色生资管理员提供获证产品证书原件、留档申报材料、本年度原料采购发票、产品包装实样、标志许可使用费缴费凭证等。

绿色食品生产资料产品质量
年度抽检工作管理办法

（中国绿色食品协会 2012 年 9 月 13 日发布）

第一章　总　则

第一条　为了进一步规范绿色食品生产资料质量年度抽检（以下简称绿色生资抽检）工作，加强对绿色生资抽检工作的管理，提高绿色生资抽检工作的科学性、公正性、权威性，依据《绿色食品生产资料标志管理办法》及其实施细则，制定本办法。

第二条　绿色生资抽检是指中国绿色食品协会（以下简称协会），对已获得绿色生资标志使用许可的产品（以下简称获证产品）采取的监督性抽查检验，是企业年度检查工作的重要组成部分。

第三条　所有获得绿色生资标志使用许可的企业（以下简称获证企业），必须接受绿色生资抽检。

第四条　申请续展的绿色生资产品，其当年的抽检检验报告可作为绿色生资标志使用续展审核的依据。

第二章　机构及其职责

第五条　绿色生资抽检工作由协会负责制定抽检计划，委托相关绿色生资质量监测机构（以下简称监测机构）按计划实施，省级绿色食品工作机构（以下简称省绿办）予以配合。

（一）协会的绿色生资抽检工作职责：

1. 制定全国抽检工作的有关规定；

2. 确定具有法定资质的监测单位承担绿色生资产品抽检工作，作为绿色生资定点监测机构；

3. 组织开展全国的抽检工作；

4. 下达年度抽检计划（企业名称、产品名称、检测项目、加检项目及其标准、时限）；

5. 根据食品安全风险监测及生资安全性评估的有关信息，或接到举报发现生资可能存在安全隐患时，立即组织绿色生资专项检测；

6. 指导、监督和考核各监测机构的抽检工作；

7. 依据有关规定，对抽检不合格的产品做出整改或取消绿色生资标志使用权的决定，并予以通报或公告；

8. 及时向省绿办和监测机构公布有效使用绿色生资标志企业及其产品名录。

（二）省绿办的绿色生资抽检工作职责：

1. 向协会推荐具有资质的监测单位，经协会审核备案后，承担绿色生资产品抽检工作；

2. 依据本管理办法制定本地区实施细则；

3. 配合协会及监测机构开展绿色生资抽检和专项检测工作；

4. 向协会提出绿色生资抽检工作计划的建议；

5. 根据协会对抽检不合格产品做出的整改决定，督促企业按时完成整改，并组织验收，同时抽样寄送协会指定监测机构；

6. 及时向协会报告企业的变更情况，包括企业名称、通信地址、法人代表以及企业停产、转产等情况。

（三）监测机构的绿色生资抽检工作职责：

1. 根据协会下达的抽检计划制定具体实施方案；

2. 按时完成协会下达的检测（包括专项检测）任务；

3. 按规定时间及方式向协会、省绿办和企业出具检验报告；

4. 向协会及时报告抽检中出现的问题和有关企业产品质量信息。

第三章　工作程序

第六条　协会于每年3月底前制定绿色生资抽检计划，并下达有关监测机构和省绿办。

第七条　监测机构根据抽检计划和专项检测任务，适时派专人赴相关企业规范随机抽取样品，也可以委托相关省绿办协助进行，由绿色生资管理员抽样并寄送监测机构，封样前应与企业有关人员办理签字手续，确保样品的代表性。

第八条 监测机构应及时进行样品检验，出具检验报告（一式三份），检验报告结论要明确、完整，检测项目指标齐全，检验报告应以特快专递方式分别寄送协会、相关省绿办和企业。

第九条 监测机构应于时限前完成抽检，并将检验报告分别寄送协会、相关省绿办和企业。

第十条 监测机构须于每年 12 月 20 日前将绿色生资抽检汇总表及总结报送协会，专项检测汇总表及总结必须于时限前报送协会。总结内容应全面、详细、客观，未完成抽检任务的应说明原因。

第四章　计划的制订与实施

第十一条 制定绿色生资抽检计划必须遵循科学、高效、公正、公开的原则，突出重点生资和关键指标，并考虑上年度抽检计划完成情况及当年任务量。

第十二条 监测机构必须承检协会要求检测的项目，未经协会同意，不得擅自增减检测项目。

第十三条 对当年应续展的产品，监测机构应及时抽样检验并将检验报告提供给企业，以便作为续展审核的依据。

第五章　问题的处理

第十四条 绿色生资抽检中出现倒闭、无故拒检或提出自行放弃绿色生资标志使用权的企业，监测机构应及时报告协会及相关省绿办。

第十五条 企业对检验报告如有异议，应于收到报告之日起（以当地邮局邮戳为准）15 日内向协会提出书面复议申请，未在规定时限内提出异议的，视为认可检验结果。对检出不合格项目的绿色生资产品，监测机构不得擅自通知获证企业送样复检。

第十六条 绿色生资抽检结论为产品包装及标签（标识）、感（外）官指标不合格，或绿色生资标志使用不规范的，协会通知企业整改，企业须于接到通知之日起 1 个月内完成整改，并将整改措施和结果报告省绿办，省绿办应及时组织整改验收。需复检的，抽样寄送绿色生资定点监测机构检验。监测机构应及时进行检验，出具检验报告，并以特快邮递方式将检验报告分别寄送协会和有关省绿办。复检合格的可继续使用绿色生资标志，复检不合格的取消其标志使用权。

第十七条 绿色生资抽检结论为主要技术指标（有效成分或主要营养成分）、限量指标（卫生指标）不合格，或有绿色生资禁用品的，报请中国绿色食品协会取消企业及产品的绿色生资标志使用权。协会及时通知企业及相关省绿办，并予以公告。

第六章 工作考核与奖惩

第十八条 协会对监测机构工作进行考核，并根据考核结果予以奖惩，具体办法另行制定。

第十九条 监测机构出具虚假报告，或出具错误数据造成不良影响的，或发生严重失职和违反规定的，协会将按照《绿色食品生产资料监测机构管理办法》做出暂停或取消对其业务委托的处理，并予以通报或公告，必要时进一步追究其责任。

第七章 附 则

第二十条 本办法由协会负责解释。

第二十一条 本办法自颁布之日起施行。

绿色食品生产资料监测机构管理办法

（中国绿色食品协会 2012 年 9 月 13 日发布）

第一章 总 则

第一条 为规范绿色食品生产资料（以下简称绿色生资）监测机构的委托和管理工作，保证绿色生资监测工作的科学性、公正性和规范性，依据《绿色食品生产资料标志管理办法》，制定本办法。

第二条 绿色生资监测机构（以下简称监测机构）是指具备法定资格，经中国绿色食品协会（以下简称协会）考核确认，自愿接受委托，承担绿色生资监测任务的机构。

第三条 监测机构包括环境质量监测机构和产品质量监测机构。产品质量监测机构主要包括开展肥料、农药、饲料及饲料添加剂、兽药、食品添加剂 5 类产品质量监测的专业机构。申报产品不在以上五类产品质量检测机构监测范围的，协会根据申报产品类别另行委托监测。

第四条 协会遵循择优选用、业务委托、确保质量的原则，不断建设和完善绿色生资监测体系，保障绿色生资事业健康发展。

第二章 监测机构的选定

第五条 申请承担绿色生资监测任务的单位应当具备以下条件：

（一）取得国家计量认证有效证书；

（二）认可资格和授权监测范围能够满足绿色生资监测的需要；

（三）有长期从事农业环境质量监测、生产资料产品质量检测的专业队伍和工作经验。

第六条　申请承担绿色生资监测任务的单位，经省级绿色食品管理机构（以下简称省绿办）推荐，向协会提出接受业务委托申请。

绿色生资环境监测也可由绿色食品环境质量监测的单位承担，但必须申请经协会核准。

第七条　《绿色食品生产资料监测机构委托申请书》（以下简称申请书）格式由协会统一规定，监测机构可从协会领取或者从协会网站（http：//www.greenfood.agri.cn/lsspxhpd）下载。

第八条　申请单位向协会递交申请书的同时，应提供以下材料复印件：

（一）计量认证合格证书；

（二）计量认证合格证书附表（承检项目或参数）；

（三）审查认可证书；

（四）单位法人证明或法定代表人授权批文；

（五）监测项目收费价目表；

（六）其他资质证明材料。

第九条　协会收到申请材料后，应在15个工作日内完成申请材料和资质审查。

第十条　申请材料不全或不符合要求的，协会书面通知申请单位补充相关材料。申请单位自收到通知之日起，在15个工作日内按要求将补充材料报协会。协会在5个工作日内完成重新审查工作。

第十一条　申请材料和资质审查合格的，协会组织专家赴申请单位进行现场考察，并于15个工作日内提交考察报告。

第十二条　经现场考察合格的申请单位，协会根据其认可资格、授权检测范围，选择监测机构并确定其受托业务。

第三章　监测机构的委托

第十三条　协会与被选定的申请单位签订《绿色食品生产资料监测机构委托合同》（以下简称合同），并在20个工作日内在协会网站公告。未被选定的申请单位，协会书面通知不予委托，并说明原因。

第十四条　合同有效期3年，在有效期内，未能通过计量认证评审的监测机构，合同自动失效。

第十五条　监测机构在合同到期时愿继续承担绿色生资监测任务的，应当在期满前3个月与协会续签合同。

第十六条　监测机构名称、体制、授权监测范围、法定代表人、技术负责人或质量保证负责人等事项发生重大变化时，应及时通报协会。环境质量监测机构还应同时通报省绿办。

第四章　监测机构的权利和义务

第十七条　监测机构有如下权利：

（一）根据检测任务委托书，执行绿色生资申报检验、年度抽检、专项检测及仲裁检验等任务；

（二）在执行年度抽检任务时，查阅受检单位与本项任务有关的资料；

（三）依照法律、法规、相关标准及绿色生资有关规定，客观、公正、及时地出具检测数据及报告，不受各级行政机构和绿色食品管理机构的干预；对拒检单位，有权按检验"不合格"报告协会；

（四）向协会或省绿办反映绿色生资企业在环境、产品质量及使用绿色生资标志等方面存在的问题；

（五）向协会提出有关绿色生资标准和规定的修订或修改建议。

第十八条　监测机构有如下责任和义务：

（一）应严格执行生产资料相关标准；

（二）承担检测任务时，有义务承检协会要求加测的项目，但未经协会同意，不得擅自增减检测项目；

（三）接受委托检测任务后，在规定时间内出具检验报告；接到年度抽检任务后，适时取样和检验，并在规定时间内出具检验报告；对检验不合格者，不得重新取样检验；

（四）对出具的检验报告负责，保守受检单位的技术和商业机密，并不得侵占受检单位的知识产权；

（五）收集国内外与生产资料有关的检验标准和方法，不断提高业务水平和服务质量。

第五章　监测机构的管理

第十九条　监测机构承担绿色生资监测工作，业务上必须接受协会的监督、检查和管理。

第二十条 监测机构应在接到绿色生资检测任务或收到绿色生资管理员抽样、送检的检验样品 30 个工作日内，以电子邮件方式将下达任务单位、受检单位、受检产品名称和收样时间报送协会。

第二十一条 检验报告应按协会规定的统一格式打印，一式三份，分别由协会、监测机构及受检单位存留。

第二十二条 受检单位自收到检验报告之日起（以当地邮局邮戳为准）15 个工作日内可向监测机构提出书面异议。逾期未提出异议，视为承认检验结果。

第二十三条 受检单位对监测结果提出异议，原监测机构应予受理，并对副样重新检测。受检单位对重测结果仍有异议，则由协会指定其他监测机构作仲裁检验，仲裁检验报告为最终结论。

第二十四条 申报产品期间所发生的监测及专项检测费用，监测机构按照有关约定，从受检单位收取。

第二十五条 年度抽检或监督抽检任务，费用由下达抽检任务的单位支付，不得向受检单位收取。

第二十六条 监测机构及其所属单位不得直接或间接从事承检产品的研究、开发及生产经营活动，不得以"监制""监测"等名义出现在受检产品包装标签及其广告上。

第二十七条 监测机构不得与各级绿色食品管理机构及受检企业发生经济利益关系。

第二十八条 监测机构工作人员应当遵纪守法、廉洁奉公，在承担绿色生资监测任务的过程中，不得从事有碍公正性的任何活动。

第二十九条 监测机构应于每年 1 月底前以书面形式向协会报送上一年度绿色生资监测工作年度总结。

第三十条 协会定期组织监测机构开展能力验证工作。

第三十一条 协会每年依据监测任务完成情况和能力验证结果对监测机构进行综合评定，评定结果作为再次委托的重要依据。

第三十二条 监测机构出具虚假证明，或者出具错误数据且造成严重影响的，协会取消对其业务委托；造成损失的，由监测机构依据国家法律、法规承担相关法律责任。

第三十三条 对违反上述有关规定或综合评定较差的监测机构，协会暂停或取消对其业务委托。

第六章　附　则

第三十四条　本办法由协会负责解释。

第三十五条　本办法自颁布之日起施行。

绿色食品生产资料监测机构委托合同

合同编号：＿＿＿＿＿＿＿＿＿

委托单位（甲方）：中国绿色食品协会

地址： 邮编：

电话： 传真：

法定代表人： 职务：

被委托单位（乙方）：

地址： 邮编：

电话： 传真：

法定代表人： 职务：

根据《绿色食品生产资料监测机构管理办法》，甲乙双方在平等自愿和诚实守信的基础上，本着"严格把关、保证质量、业务合作、共同发展"的原则，经协商一致，签订本监测机构委托合同。

第一节 总 则

第一条 甲方是绿色食品生产资料监测机构的唯一委托方。甲方根据国家有关法律、法规和绿色食品生产资料有关规定实施监测机构的委托和监督管理。

第二条 乙方已充分了解有关绿色食品生产资料的规定，在此基础上，愿意按照本合同的规定，接受甲方的委托；甲方愿意在乙方遵守有关绿色食品生产资料的规定及本合同前提下，进行委托。

第二节　业务委托

第三条　甲方根据乙方认可资格和授权检测范围，按照本合同条款，委托乙方承担＿＿＿＿＿＿＿＿＿＿＿＿＿＿＿＿＿的监测工作。

第四条　乙方承检单位、项目及参数限于第三条所核准内容，未经甲方同意，不得超出上述范围。

第三节　权利和义务

第五条　甲方具有以下权利和义务：

（一）委托乙方开展授权业务范围内的绿色食品生产资料监测工作；

（二）保证乙方的监测业务不受各级绿色食品工作机构干预；

（三）组织乙方参加绿色食品生产资料标准的制定和修订工作；

（四）及时向乙方提供新发布的绿色食品生产资料标准；

（五）组织乙方参加绿色食品生产资料标准宣传和知识培训；

（六）组织乙方参加绿色食品生产资料监测协作组的工作和技术交流活动；

（七）依据《绿色食品生产资料监测机构管理办法》，协调、规范绿色食品生产资料监测工作。

第六条　乙方具有以下权利和义务：

（一）依照国家相关法律、法规、标准及绿色食品生产资料有关规定，客观、公正地出具检测数据及检验报告，不受各级行政机构和绿色食品工作机构的干预；

（二）严格执行国家、行业、地方相关产品标准或经备案的企业标准及绿色食品生产资料有关标准；

（三）有权对相关工作机构和受检企业的有关工作提出建议和意见；

（四）承担检测任务时，乙方有义务承检甲方要求加检的项目，但不得自行增减检测项目；

（五）保守受检单位和产品的技术秘密，并不得侵占受检单位的知识产权；

（六）不得从事承检产品的研究、开发及生产经营活动；不得以"监制""监测"等名义出现在受检产品包装标签及其广告上；不得与各级绿色食品工作机构及受检企业发生经济利益关系；

（七）工作人员应当遵纪守法、廉洁奉公，在承担绿色食品生产资料监测任务的过程中，不得从事有碍公正性的任何活动；

（八）按甲方要求，每年1月底前以书面形式向甲方报送绿色食品生产资料监测

工作年度总结;

（九）机构名称、体制、授权监测范围、法人、技术负责人或质量保证负责人等事项发生重大变化时，应及时通知甲方。

第四节 监督和管理

第七条 乙方承担绿色食品生产资料监测工作，业务上同意接受甲方的监督、检查和管理。

第八条 乙方收到申报检测任务书和年度抽检任务书后，按《绿色食品生产资料监测机构管理办法》规定的时间取样检测，并出具检验报告；对检测不合格者，不得擅自重新取样检测；受检单位对检测结果提出异议，须对副样重测。受检单位对重测结果仍有异议，则由甲方指定仲裁监测机构检测，仲裁检验报告为最终结论。

第九条 乙方自觉接受甲方定期组织的能力验证和综合评估。

第十条 乙方应按照国家相关部门核定的收费标准，向受检单位收取申报产品期间所发生的监测费用；年度抽检或监督抽检费用由下达抽检任务的单位支付，不得向受检单位收取。

第五节 合同期限与终止

第十一条 本合同的有效期为 3 年，自_____年_____月_____日起至_____年_____月_____日止。合同到期时乙方如愿意继续接受委托，承担绿色食品生产资料监测任务，可在合同期满前 1 个月，与甲方续签合同。

第十二条 合同有效期内，发生下列情况之一的，本合同自动终止：

（一）乙方未能通过国家计量认证或审查认可复验；

（二）乙方被撤销、解散，或者失去原独立法人地位和独立承担民事责任的能力。

第十三条 如乙方违反上述有关规定或根据《绿色食品生产资料监测机构管理办法》，综合评定较差，不能承担委托的监测任务，甲方有权终止合同。

第六节 附 则

第十四条 本合同如需修改或补充，须经甲乙双方协商一致，签订修改或补充条款。

第十五条 因本合同的解释和履行而引起的争议，甲乙双方应先行协商解决，若自争议发生之日起 30 日内双方仍未能达成一致意见，则任何一方均有权以书面形式通知对方终止合同（以发出通知函之日起 20 日后生效）。

第十六条 本合同自签定之日起生效，有效期为 3 年。

第十七条 本合同一式两份，甲乙双方各执一份。

委托单位（甲方）：中国绿色食品协会

盖章：

法定代表人：

年　　　月　　　日

被委托单位（乙方）：

盖章：

法定代表人：

年　　　月　　　日

绿色食品生产资料定点监测机构
申请书

监测机构名称：_____ （盖章）

申请日期：_____

中国绿色食品协会制

中心名称			地　址			邮　编	
电　话			传　真			E-mail	
中心主任	姓　名		技术负责人	姓　名		主管部门负责人	姓　名
	电　话			电　话			电　话
计量认证合格证	证书编号		审查认可证书	证书编号		实验室认可证书	证书编号
	有效期			有效期			有效期
中心人数	中高级职称人数		中心使用面积			固定资产总额（万元）	仪器设备（台套）
	初级职称人数						
授权承担的项目							

填写须知

1. 用计算机打印，字迹清楚。

2. 资料复印件须统一用 A4 纸。

3. 声明须经监测机构法定代表人或负责人签字有效。

4. 省（自治区、直辖市）绿色食品工作机构推荐意见要具体，对推荐的质量监测机构要标明业务范围。

提供下列资料复印件各 1 份，附在本申请书后

（1）计量认证合格证书

（2）计量认证合格证书附表（承检项目或参数）

（3）审查认可证书

（4）单位法人证明

（5）法定代表人授权批文

（6）能力验证材料

（7）现行检测项目收费价目表

（8）单位仪器设备和检测人员清单

以上材料均需加盖单位公章。

声　明

（1）本监测机构遵守国家有关监测工作的法律、法规。

（2）本监测机构遵守中国绿色食品协会发布的《绿色食品生产资料监测机构管理办法》等有关规定。

（3）严格执行检测收费标准，不随意增减检测项目，增加收费。

（4）保证所提交的申请内容均真实可靠，如发生变化，将及时申报。

监测机构法定代表人签字：　　　　　　　　　　　　　日期：

省（自治区、直辖市）绿色食品工作机构推荐意见

负责人签字：（加盖公章）　　　职务：　　　　日期：

中国绿色食品协会审批结论

授权其承担的项目另附表

绿色食品生产资料管理员注册管理办法

(中国绿色食品协会 2012 年 9 月 13 日发布)

第一章 总 则

第一条 为了加强对绿色食品生产资料（以下简称绿色生资）管理员的管理，促进绿色生资健康发展，根据《绿色生资标志管理办法》的有关规定，制定本办法。

第二条 绿色生资管理员（以下简称管理员）是经中国绿色食品协会（以下简称协会）核准注册的从事绿色生资审核、现场检查的人员。管理员的主要来源为：各级绿色食品工作机构的专职人员以及大专院校、科研机构、生产资料技术推广服务、绿色生资定点监测机构等单位的有关专家。

第三条 协会对管理员实行统一注册管理。管理员须经协会考核、注册，取得《绿色食品生产资料管理员证书》。

第四条 协会对管理员实行分级管理，依据工作经历和成效，分为管理员和高级管理员。

第二章 注册条件

第五条 申请注册的管理员应当具备以下条件：

（一）个人素质

1. 热爱绿色食品事业，对所从事的工作有强烈的责任感；

2. 能够正确执行国家有关政策、法律及法规，掌握绿色生资审核程序、标志许可条件及有关管理规定；

3. 具有开展绿色生资审核、现场检查、监督管理等工作所需的组织能力和业务能力；

4. 身体健康，适应从事企业现场检查工作。

（二）教育和工作经历

具有国家承认的大专以上（含大专）学历。

（三）专业知识

注册管理员应掌握一定的绿色生资相关专业知识。

（四）培训经历

申请注册管理员应完成协会或协会委托省级绿色食品工作机构（以下简称省绿办）组织的管理员课程培训，并通过考试，取得培训合格证书。

第六条　申请注册的高级管理员应取得管理员级别注册资格两年以上，并至少完成 5 个绿色生资企业的材料审核和现场检查。

第三章　注册程序

第七条　申请人自愿填写相应的申请表格，并附本办法规定的有关材料，经省绿办签署推荐意见后报协会。

第八条　申请人与协会签署保密协议，确保不泄露申请使用绿色生资标志企业的商业和技术秘密。

第九条　申请人应签署个人声明，声明其保证遵守绿色生资管理员行为准则及绿色生资管理有关规定。

第十条　申请注册应当提供以下材料：

《绿色食品生产资料管理员注册申请表》、省绿办推荐意见、保密协议、个人声明、学历与职称复印件、工作经历、近期免冠 1 寸照片 2 张。

申请注册高级管理员还应附管理员证书复印件。

第十一条　协会对申请人提交的申请材料进行审核评定，合格的申请人予以注册，并颁发《绿色食品生产资料管理员证书》。

第十二条　《绿色食品生产资料管理员证书》的内容包括：管理员姓名、工作单位、注册级别、注册日期、注册有效期、注册编号、发证机构名称、专业类别等。

第四章　工作职责、职权和行为准则

第十三条　依据《绿色生资标志管理办法》等有关规定，管理员履行以下职责：

（一）对申请使用绿色生资标志企业（以下简称用标企业）的申请材料进行审核，核实企业提供的有关信息、资料；

（二）按照绿色生资的有关规定和要求，对申请用标企业实施现场检查，客观描述现场检查实际情况，科学评定申请用标企业的生产过程和质量控制体系，综合评估现场检查情况，编写书面现场检查报告；

（三）在省绿办的统一组织和协调下，开展绿色生资的监督管理、宣传、培训、推广服务等工作；

（四）完成其他相关工作。

第十四条 管理员具有以下职权：

（一）依据绿色生资许可条件，独立地对申请用标企业的申请材料提出审核意见；

（二）检查申请用标企业的生产现场、库房、产品包装、生产记录和档案资料等有关情况；根据检查需要，可要求受检方提供相关的证据；

（三）指出申请用标企业在生产过程中存在的问题，并要求其整改，同时向协会如实报告有关情况；

（四）向当地绿办和协会提出改进绿色生资工作的意见和建议。

第十五条 管理员应遵守以下行为准则：

（一）遵守国家有关法律法规、绿色生资工作程序、管理制度和保密协议；

（二）遵循客观、公正、公平的原则，如实记录现场检查或审核对象现状，保证审核和现场检查的规范性和有效性；

（三）管理员不得与企业有任何有偿咨询服务关系；可以向企业提出改进意见，但不得收取费用；

（四）不得向企业作出颁证与否的承诺；

（五）未经协会书面授权和企业同意，不得讨论或披露任何与审核和检查活动有关的信息；

（六）不接受企业任何形式的酬劳；

（七）不以任何形式损坏绿色生资工作的声誉。

第十六条 绿色生资审核和现场检查实行管理员负责制。管理员须在审核报告和现场检查报告上签字，对检查结果负责。

第五章 监督管理

第十七条 省绿办负责对所辖区域内管理员的监督管理工作。

第十八条 管理员证书有效期为 3 年。管理员须在注册证书期满前 3 个月向协会提出更换证书书面申请，超过有效期未提交更换证书申请或 3 年内未开展审核和现场检查工作的，视为自动放弃管理员资格。

第十九条 根据协会对地方绿色食品管理机构工作激励机制，建立管理员绩效考评制度，对工作业绩突出的管理员给予表彰和奖励。

第二十条 对违反管理员行为准则，尚未构成严重后果的，协会依据有关规定给予批评、暂停注册资格等处置。在暂停期内，管理员不得从事相关审核和现场检查等活动。对于暂停注册资格的管理员，应在暂停期内采取相应整改措施，并经协会考核后，恢复其注册资格。

第二十一条 有下列情况之一者，撤销其管理员资格：

（一）与企业合作，或提示企业，故意隐瞒申请产品真实情况而骗取绿色生资标志使用许可的；

（二）经核实，在审核或现场检查中存在弄虚作假行为的；

（三）违反管理员行为准则或由于失职、渎职而出现严重质量安全问题的；

（四）违反管理员行为准则，对绿色生资标志商标或协会声誉造成恶劣影响的。

第二十二条 被协会撤销注册资格的人员，一年内不再受理其注册申请。

第二十三条 协会就管理员的资格处置情况向绿色食品工作系统进行通报。

第二十四条 严重违反本办法要求，构成犯罪的，由国家有关部门追究其刑事责任。

第六章 附 则

第二十五条 本办法由协会负责解释。

第二十六条 本办法自颁布之日起实施。

绿色食品生产资料管理员工作规范

（中国绿色食品协会 2018 年 3 月发布）

目　录

第一章 总 则

为不断提高绿色食品生产资料（以下简称绿色生资）管理队伍的整体素质和业务水平，规范绿色生资管理员文审、现场检查、标志管理等工作，确保绿色生资产品质量，加快绿色生资事业发展，根据《绿色食品生产资料标志管理办法》（以下简称《绿色生资标志管理办法》）、《绿色食品生产资料管理员注册管理办法》，以及绿色生资的相关规定，制定本规范。

第一节 管理员工作职责

绿色生资管理员具有以下工作职责。

（1）对申请使用绿色生资标志（以下简称申请用标）企业及其产品进行初审。

①按绿色生资产品执行标准及有关规定对申请材料进行文审，评判企业提供的信息和资料是否完整，是否符合绿色生资许可的有关要求。

②现场核实申请材料的真实性，检查原料来源、投入品使用和质量管理体系是否达到绿色生资有关要求。

③综合所有信息和检查情况，填写企业检查表，对申请用标企业及其产品作出评估并签字，对检查结果负责。

（2）依据《绿色生资标志管理办法》《绿色食品生产资料标志商标使用许可合同》（以下简称《合同》）及有关法律法规对绿色生资标志使用进行管理。

①指导企业履行绿色生资办证手续、规范使用绿色生资标志、严格执行绿色生资许可条件，为企业提供咨询服务。

②对绿色生资企业进行年度检查，对其产品质量和标志使用情况进行监督检查。

③配合绿色生资质量监测机构实施中国绿色食品协会（以下简称协会）下达的产品监督年检和抽检计划。

④督促绿色生资企业履行《合同》，按时足额缴纳标志管理费。

⑤开展市场监督检查，配合政府有关部门对假冒和违规使用绿色生资标志的进行查处，维护绿色生资市场秩序。

（3）在省级绿色食品工作机构（以下简称省绿办）的统一组织和协调下，开展所辖区内绿色生资的培训、宣传、推广应用与服务工作。

（4）完成其他相关工作。

第二节　管理员行为准则

绿色生资管理员应遵守以下行为准则。

（1）遵守国家有关许可的法律法规及协会的规章制度和保密协议，忠于职守。

（2）努力学习有关专业知识，不断提高自身素质和检查、管理能力。

（3）如实记录检查现场及检查对象现状，保证检查的公正性。

（4）不得与申请用标企业有任何咨询服务关系；可以提出生产方面的改进意见，但不得收取费用；不得接受任何经济回报。

（5）不得向申请用标企业作出颁证与否的承诺。

（6）保守申请用标企业的技术和商业秘密；未经企业书面授权，不得讨论或披露任何与审核和检查活动有关的信息。

（7）不以权谋私，不接受可能影响本人正常行使职责的馈赠及其他任何形式的好处。

（8）不以任何形式损坏协会声誉；对违反本行为准则的调查工作不提供全面合作。

（9）到少数民族地区检查时，应尊重当地的文化和风俗习惯。

（10）如实向协会和所在单位报告情况，不弄虚作假。

（11）接受协会的培训、指导和监督管理。

第二章　文　审

第一节　文审内容

一、文审内容

对申请用标企业提交的申请材料进行详细的审查是实施现场检查的基础，也是进一步实施审核和评审的关键环节。文件审查的主要对象是《绿色食品生产资料标志使用申请书》和《绿色食品生产资料标志管理办法实施细则》中要求提供的申报材料。文审主要包括以下内容。

（1）申请用标产品是否具备申请条件，申请材料是否齐全、规范。

（2）同类产品中，成分、配比、名称、商标等不同的，是否按不同产品申报；产品名称是否规范。

（3）产品成分是否明确、完全；有效成分、其他成分及杂质等含量是否符合相关标准及绿色生资的要求。

（4）生产过程中所用原料、投入品是否符合绿色生资产品相关执行标准和使用准则的有关要求。

（5）是否建立了全程质量控制体系，企业质量管理机构和制度是否完备。

（6）有关合同（协议）、证明文件是否具有法律效力。

二、申请材料

（一）各类别产品均须提交的材料

申请用标企业向所在省绿办提出申请时，应提交下列材料，一式两份，一份省绿办留存，一份报协会。

（1）《绿色食品生产资料标志使用申请书》。

（2）《绿色食品生产资料企业检查表》。

（3）企业营业执照复印件。

（4）县级以上环保行政主管部门出具的环保合格证明。

（5）产品执行标准复印件。

（6）产品商标注册证复印件。

（7）产品包装标签及产品使用说明书。

（8）企业质量管理手册。

（9）具备法定资质的质量监测机构出具的一年内产品质量检验报告复印件。

（10）绿色生资与非绿色生资生产全过程（从原料到成品）区分管理制度。

（11）产品实行委托检验的，需提交委托检验协议和被委托单位资质证明复印件。

（二）不同类别产品须分别提交的材料

除上述材料外，不同类别产品还须分别提交以下材料。

1. 肥　料

（1）产品《肥料正式登记证》或《肥料临时登记证》复印件。

（2）产品安全性资料，包括毒理试验报告、杂质（主要重金属）限量、卫生指标（大肠杆菌、蛔虫卵死亡率）。产品中添加微生物成分的应提供使用的微生物种类（拉丁种、属名）及具有法定资质的检测机构出具的菌种安全鉴定报告复印件。已获农业部登记的微生物肥料所用菌种可免于提供。

（3）外购肥料原料的，提交购买合同及购买发票复印件。

（4）田间试验效果报告复印件。

2. 农　药

（1）相关产品《工业产品生产许可证》（批准证书）复印件。

（2）农业部颁发的《农药登记证》复印件。

（3）原药的《生产许可证》及《农药登记证》复印件。

（4）外购原药和助剂的，提交购买合同及购买发票复印件。

（5）农业部公告的农药登记试验单位出具的田间药效试验报告；毒理等试验报告；农药残留试验报告和环境影响试验报告复印件。若无，说明理由。

3. 食品添加剂

（1）企业《生产许可证》和产品批准文号复印件。

（2）动物源性饲料产品《安全合格证》复印件；新饲料添加剂《产品证书》复印件。

（3）处于监测期内的新饲料和新饲料添加剂《产品证书》复印件和该产品的《毒理学安全评价报告》《效果验证试验报告》复印件。

（4）以绿色食品产品或绿色食品原料标准化生产基地产品为原料的，须提交相关证书、采购合同及购买发票复印件。

（5）自建、自用原料基地的产品，须提交具备法定资质的监测机构出具的产地环境质量监测及现状评价报告和本年度内的产品检验报告、生产操作规程、基地和农户清单、基地与农户订购合同（协议）。

（6）产品生产工艺、操作规程、质量管理制度；原料需加工的，也须提供以上材料，若委托加工的，还需提交委托加工协议和管理制度。

（7）产品原料需外购的，提交购买合同及购买发票复印件；复合维生素产品要提交标签原件；进口原料需提交饲料、饲料添加剂进口登记证复印件。

4. 兽 药

（1）企业《兽药生产许可证》和产品批准文号复印件。

（2）《兽药 GMP 证书》复印件。

（3）产品毒理学安全评价报告和效果验证试验报告复印件（新兽药提供）。

5. 饲料及饲料添加剂

（1）微生物制品提交具备法定资质的检测机构出具的有效菌种的安全鉴定报告复印件。

（2）复合食品添加剂提交产品配方等相关资料。

（3）以绿色食品产品或绿色食品原料标准化生产基地产品为原料的，须提交相关证书、采购合同及购买发票复印件。

（4）自建、自用原料基地的产品，须提交具备法定资质的监测机构出具的产地环境质量监测及现状评价报告和本年度内的产品检验报告、生产操作规程、基地和农户清单、基地与农户订购合同（协议）。

（5）外购原料的，提交购买合同及购买发票复印件。

第二节　文审规范

为统一、规范绿色生资申请材料的审查工作，提高效率，审查绿色生资申请材料应遵守以下有关规定。

一、申请用标企业条件

凡具有法人资格，并获得相关行政许可的生资企业均可申请，社会团体、民间组织、政府和行政机构等不可作为绿色生资的申请人。同时，申请人还应同时具备以下条件。

（1）具备绿色生资生产的环境条件和技术条件。

（2）生产具备一定规模，具有较完善的质量管理体系和较强的抗风险能力。

有下列情况之一者，不能作为申请人。

（1）与协会和省绿办有经济或其他利益关系。

（2）纯属商业经营、非生产企业。

二、申请用标产品必须同时符合的条件

（1）经国家法定部门检验、登记。

（2）质量符合相关的国家、行业、地方技术标准，符合绿色生资使用准则，不造成使用对象产生和积累有害物质，不影响人体健康。

（3）有利于保护和促进使用对象的生长，或有利于保护和提高使用对象的品质。

（4）生产符合环保要求，在合理使用的条件下，对生态环境无不良影响。

（5）非转基因产品和以非转基因原料加工的产品。

三、申请材料填写、生产操作规程编制及装订规范

（一）一般要求

（1）要求申请人用钢笔、签字笔正楷如实填写《绿色食品生产资料标志使用申请书》，包括企业声明、企业概况及产品情况，或用 A4 纸打印，字迹整洁、术语规范、印章清晰；一份《绿色食品生产资料标志使用申请书》只能填报一个产品，申请的产品应在营业执照的经营范围内。

（2）所有表格栏目不得空缺，如不涉及本项目，应在表格栏目内注明"无"；如表格栏目不够，可附页，但附页必须加盖公章。

（3）申请许可材料应装订成册，编制页码，并附目录。

（4）企业提供的证明等材料均需加盖公章。

（5）提交的证件均应是有效证件，不得提交已过期的证件。

（二）《绿色食品生产资料标志使用申请书》填写规范

（1）"声明"要由企业法人签字，并加盖申请企业印章；同一企业申报多个或系列产品时，只需填写一份声明。

（2）"省级绿色食品工作机构意见"栏，省绿办须签字并盖章。

（3）"申请企业名称"要与产品生产厂家一致，独立核算的分公司应分别申报。

（4）"申请产品名称"要求规范、准确。不可将类别名称作为申请用标产品名称，名称应与登记证、执行标准、标签上的名称一致；若申报名称为商品名，要求标注通用名，通用名称不得自行添加宣传语；同类产品中，名称、成分、配比、商标等不同的，按系列产品分别申报，有关企业概况可填写一份，但产品情况栏内不可多个产品混填，要分别申报。

（5）"设计生产规模""实际生产规模""销售量""出口量"等填写年产量（重量以千克或吨为单位），申报量与实际生产量不一致时，应注明申报量。

（6）"主要技术指标"中主要成分、"限制指标""制剂产品规格及理化性质（农药、兽药）"应与产品登记证及执行标准一致。其他成分要详细列出，不得使用"其他""等"含混的词语。

（7）"毒理试验"及"效果试验"应根据具体试验报告填写，并附报告件。已获正式登记证的产品可免报告件。

（8）"原料供应情况"应列出所有原料（包括主要原料、辅料、菌种等）及其所占比例（%），依据用量，从大到小填写，不得使用"其他"等含混字样，原料配比之和应为100%；凡须经法定部门检验登记或许可的原料要填写登记许可证号。有可能存在转基因技术的原料产品，如玉米、大豆、豆粕、油菜子、棉子等，应由行政主管部门出具的非转基因产品的有关证明材料。原料为绿色食品产品或副产品的免提供。

（9）"供应单位"要填写具体的供货单位，并提交相关的合同和发票。不允许无固定供货单位，从市场上零星购买原料。

（10）"供应方式"根据申请用标企业与供货方关系，分3种形式。

①申请用标企业本身是原料生产单位，如生产肥料的原料鸡粪，填写"自给"。

②申请企业有稳定的（或自建）基地，基地负责组织农户生产，填写"自建基地""协议供应""订单农业"等。

③从企业购买原料，填写"合同供应"，并附合同及发票复印件。

（11）"主要生产设备、仪器"是指用于生产和质量检验的主要设备、仪器，应能够符合产品生产工艺和检验的要求。

（12）"生产流程"应详细地用文字或流程图说明生产过程，具体说明各种原料投入程序、投入品名称（成分）、作用及用量，保证产品质量的关键控制点及其技术措施，不合格半成品（成品）处理，产品检验、包装方式等，而不是笼统的生产顺序。

（13）"产品分析方法"要求说明对主要成分进行分析的具体方法，不是执行标准。

（14）"产品检测能力"是指企业在产品生产过程中对质量自检或委托检测的项目和方法。"检测频率"是指抽检间隔时间（日、周、月，批次，入库前）。

（三）生产操作规程编制规范

1. 种植规程（单一饲料和自建原料基地）

（1）规程的制定要因地制宜、具有科学性和可操作性。

（2）规程的制定要体现绿色食品的生产特点，病虫草害防治应以生物、物理和机械方法为基础，施肥应以有机肥为基础。

（3）内容应详细，包括土地条件、品种和茬口（包括轮作方式）、育苗与移栽、种植密度、田间管理（肥、水）、病虫草鼠害的防治、收获、贮藏及亩产量等。

（4）农药使用应注明名称、剂型规格、标的、方法、使用次数及安全间隔期。

（5）需正式打印件，并加盖公章。

2. 加工操作规程

加工操作规程的制定应包括以下内容。

（1）原、辅料的来源、验收、储存及预处理方法。

（2）生产工艺及主要技术参数，如温度、浓度、杀菌方法、添加剂的使用；原料、辅料比例；添加剂应注明品种、用途、使用量；使用量用千分数（‰）表示。

（3）主要设备及清洗方法。

（4）包装、仓储及成品检验制度。

（5）需正式打印件，并加盖公章。

四、自建原料基地质量控制体系建立规范

（一）基地及农户清单

要求建立稳定的原料生产基地，并列出各基地的名称、地址、负责人、电话、作物品种、种植面积、预计产量；基地要求具体到最小单元村（场）；企业应建立详细农户清单，包括所在基地名称、农户姓名、作物品种、种植面积、预计产量；对于基地农户数超过1000户的申请用标企业，可以只提供1个基地的农户清单样本，但必须以文字形式声明已建立了农户清单；基地图在当地行政区划图基础上绘制，应清楚标明各基地方位及周边主要标志物方位。

（二）企业与基地（农户）合同或协议

企业应与各基地签订有效期3年的合同（协议）；合同（协议）条款中应明确双方职责，明确要求严格按绿色食品生产操作规程及标准进行生产，并明确监管措施，合同（协议）中应标明基地（农户）名称、作物品种、种植面积、预计收购产量等。

（三）管理制度

企业应建立一套详细的管理制度，确保基地（农户）严格按绿色食品要求进行生产。公司应建立一套科学合理的组织机构，明确组织和管理绿色生资原料生产的机构、职责、主要负责人及企业内检员；所设机构应全面，包括基地管理、技术指导、生资供应、监督、收购、加工、仓储、运输、销售等各个环节的部门。企业应建立一套详细的培训制度，加强对干部、主要技术人员、基地农户有关绿色食品及绿色生资知识培训。要求企业对基地和农户进行统一管理（即统一供应品种、统一供应生产资料、统一技术规程，统一指导、统一监督管理、统一收购、统一加工、统一销售），各管理措施要求详细，符合实际情况，并具可操作性；如企业委托第三方技术服务部门进行管理，需签订有效期为3年的委托管理合同，受托方按上述要求制定具体的管理制度。

五、对提交的证件资料要求

（1）提交的所有证件都必须在有效期内。

（2）提交的报告、证明材料须由具法定资质单位出具。

（3）环保合格证明或证书应说明申请企业的废气、废液、废渣的排放，是否合格达标，而不是未经验收的企业建设项目立项评估报告。

（4）"产品执行标准"应为现行的、有效的国家标准、行业标准、地方标准，无上述标准的产品，可提交经备案的企业标准。申请用标的为系列产品时，在提交国家标准（或行业标准、地方标准）的同时还须提交企业标准，并应在企业标准上标注出相应的申请用标产品及编号。

（5）申请产品均需提供1年之内的产品质量检测报告。检测项目应包括主要技术指标和卫生指标及国家法定管理部门根据行业风险规定的检测项目，例如配合饲料、精料补充料、浓缩饲料要增加检测三聚氰胺各检测项目结果均应符合标准要求。

（6）外购绿色食品原料的，要求同时提交有效期1年的购销合同和有效期3年的供货协议及批次购买原料发票复印件。其他外购原料、投入品要求提交1年的购销合同和批次购买原料发票复印件。

（7）绿色生资与非绿色生资区分管理制度提供从原料采购、验收、存放、出库、设备清洗、加工程序、包装、贮运、仓储、产品标识等环节的区分管理的制度和措施。

第三节　文审要点及评判标准

一、申请材料

1. 审查要点

（1）申请材料缺项。

（2）无申请材料目录。

（3）未装订成册。

2. 评判标准

（1）出现上述审查要点中（1）、（2）任何一种情况，要求企业补充材料。

（2）出现上述审查要点中（3）情况，要求企业重新装订。

二、《绿色食品生产资料标志使用申请书》的封面及企业声明

1. 审查要点

（1）是否填写和盖章（企业声明应同时签字、盖章）。

（2）申请单位全称是否与公章全称一致。

2. 评判标准

出现未签字、填写和盖章，或全称不一致，要求企业补充材料。

三、《绿色食品生产资料标志使用申请书》中的企业情况、"申报产品情况"

1. 审查要点

（1）填写不完整、不规范；未盖章；填表人未签字。

（2）"企业名称"与标签上生产厂家名称不一致。

（3）"产品名称"是类别或系列产品集合名称；与批准文号、执行标准或标签上产品名称不一致。

（4）年销售量大于实际年生产规模。

（5）实际年生产规模重量单位未换算成吨或千克。

（6）"省级绿色食品管理机构意见"未填写和盖章。

2. 评判标准

（1）出现上述审查要点中（1）、（2）、（3）、（4）、（5）任何一种情况，要求企业重新填写。

（2）出现上述审查要点中（6）情况，请省绿办检查后补充材料。

四、《绿色食品生产资料标志使用申请书》（肥料）中的"产品情况"

1. 审查要点

（1）产品通用名称不规范。

（2）"类别"未勾选，"其他肥料"未作具体说明。

（3）"产品说明"与产品标签及使用说明书不一致。

（4）"适用作物"出现棉花、烟草等非绿色食品类作物；或超出登记证登记的范围。

（5）"主要技术指标"与登记证、执行标准、产品标签不一致。

（6）"限制指标"未填写或与产品执行标准不符。

（7）未填写"毒理试验""效果试验"。

（8）原料成分不全，比例相加不到或超过100%。

（9）"生产流程"过于简单，未能体现生产工艺、规程及关键技术点。

（10）产品原料、辅料中使用了含有毒物质（如重金属、杂菌、真菌）的有机物料，生活垃圾或添加硝态氮肥，不符合《绿色食品 肥料使用准则》中有关规定要求。

（11）原料含有稀土元素。

（12）添加了化学合成的生长调节剂、农药成分。

（13）产品标签不符合相关要求，介绍对其成分、作用的介绍有夸大不实之词。

（14）提交的证件、证明材料、检测报告不符合要求或不在有效期内。

2. 评判标准

（1）出现上述审查要点中（1）、（2）、（3）、（4）、（5）、（6）、（7）、（8）、（9）任何一种情况，要求企业重新填写。

（2）出现上述审查要点中（13）、（14）任何一种情况，要求企业补充材料。

（3）出现上述审查要点中（10）、（11）、（12）任何一种情况，按不通过处理。

五、《绿色食品生产资料标志使用申请书》（农药）中的"产品情况"

1. 审查要点

（1）产品"商品名""通用名"填写不完整或不规范。

（2）使用了无"证"农药（农药登记证）。

（3）混配农药中含有绿色食品禁用成分。

（4）"制剂产品规格及理化性质"填写不完整。

（5）缺少农药产品标签，或标签不符合《农药包装通则》的要求。

（6）"产品说明""主要技术指标"（有效成分及其含量）与产品标签不符。

（7）"原料供应情况"填写不完整；有效成分和其他成分不全，比例相加不足100%。

（8）制剂生产工艺流程过于简单，未能体现生产工艺、规程及关键技术点。

（9）生物源、矿物源农药中混配了有机合成农药。

（10）有机合成农药产品标签中未标明"用于绿色食品生产，在一种作物的生长期内只允许使用一次"的字样。

（11）使用了基因工程品种（产品）及制剂。

2. 评判标准

（1）出现上述审查要点中（1）、（4）、（5）、（8）、（10）任何一种情况，要求企业重新填写。

（2）出现上述审查要点中（6）、（7）任何一种情况，要求企业补充材料。

（3）出现上述审查要点中（2）、（3）、（9）、（11）任何一种情况，按不通过处理。

六、《绿色食品生产资料标志使用申请书》（饲料及饲料添加剂）中的"产品情况"

1. 审查要点

（1）产品"商品名""通用名"填写不完整或不规范。

（2）"主要成分"（产品成分保证值）不全，与执行标准不符或与产品标签不一致。

（3）原料成分不全或不明确，比例相加不足或超过100%。

（4）外购能量、蛋白质饲料原料未提供绿色食品证书（或绿色食品标准化基地证书）、购销合同及发票。

（5）自建、自用原料基地的，缺少附报材料：基地环境质量监测报告、产品检验报告、生产操作规程、基地和农户清单、基地与农户订购合同（协议）、非转基因的证明（行政主管部门出具）中任何一件。

（6）"单一饲料"或自建原料基地"农药及肥料使用"表中缺种植单位和公章，单位负责人和填表人未签字。

（7）饲料或原料种植过程中农药及肥料使用违反了《绿色食品　农药使用准则》《绿色食品　肥料使用准则》中有关要求。

（8）自建基地原料未达到绿色食品标准要求。

（9）自行加工饲料原料及预混料的，缺少加工规程或质量管理制度；委托代加工的缺少委托合同、加工规程、区分管理制度及成品原料与加工成品往来证明中任一资料。

（10）饲料原料使用了转基因原料、同源动物源饲料、反刍动物饲料中使用哺乳动物为原料的动物性饲料产品、工业合成油脂、畜禽粪便等任一种《绿色食品　畜禽饲料及饲料添加剂使用准则》及《绿色食品　渔业饲料及饲料添加剂使用准则》禁用的材料。

（11）使用泔水作为饲料原料。

（12）外购预混料缺少产品批准文号或生产许可证。

（13）添加剂及添加剂预混料主要成分不全、不明确；矿物质、维生素未填报具体品种名称，缺少生产企业生产许可证或产品标签。

（14）矿物质原料级别不是饲料级。

（15）外购添加剂及预混料缺少购销合同及批次购买发票复印件。

（16）饲料添加剂或添加剂预混料中使用了绿色食品禁用的抗氧化剂、防腐剂等添加物，违反了《绿色食品 饲料及饲料添加剂使用准则》及《绿色食品 渔业饲料及饲料添加剂使用准则》中规定。

（17）使用了有机胂制剂或高铜、高锌等超剂量的微量元素等。

（18）"生产流程"过于简单，未能体现工艺流程、规程及关键技术点。

2. 评判标准

（1）出现上述审查要点中（1）、（2）、（3）任何一种情况，要求企业重新填写。

（2）出现上述审查要点中（4）、（5）、（6）、（9）、（12）、（13）、（15）、（18）任何一种情况，要求企业补充材料。

（3）出现上述审查要点中（7）、（8）、（10）、（11）、（14）、（16）、（17）任何一种情况，按不通过处理。

七、《绿色食品生产资料标志使用申请书》（兽药）中的"产品情况"

1. 审查要点

（1）产品"商品名""通用名"填写不完整或不规范。

（2）"产品说明"填写不全或不规范，或与产品标签不一致。

（3）未填写"毒理学"和"药效试验"。

（4）"原料"各项填写不完整；产品成分不全或不明确。

（5）"生产流程"过于简单，未能体现原料药、辅料、助剂投入及加工过程。

（6）企业《兽药生产许可证》、产品批准文号、《兽药 GMP 证书》过期。

（7）产品中含有绿色食品禁用成分。

（8）申报产品为绿色食品禁止使用的兽药产品（参照 NY/T 472—2013《绿色食品 兽药使用准则》中附录 A）。

（9）使用了基因工程方法。

（10）适用对象和使用剂量超出了《中华人民共和国兽药典》限定的范围和剂量。

（11）产品标签及使用说明书不符合农业部《兽药标签和说明书管理办法》要求。

（12）中药制剂所用的中药材不符合相关质量标准，或其产地不稳定，或来源不明确。

（13）生产过程中废弃物排放不符合环保要求。

（14）生产管理、质量管理文件和各类管理制度、记录不完整。

2. 评判标准

（1）出现上述审查要点中（1）、（2）、（3）、（4）任何一种情况，要求企业重新填写。

（2）出现上述审查要点中（5）、（6）、（11）、（14）任何一种情况，要求企业重新提供。

（3）出现上述审查要点中（7）、（8）、（9）、（10）、（12）、（13）任何一种情况，按不通过处理。

八、《绿色食品生产资料标志使用申请书》（食品添加剂）中的"产品情况"

1. 审查要点

（1）产品"通用名"和"化学名"填写不完整或不规范。

（2）"产品说明"与产品标签、产品说明书不一致。

（3）产品使用范围不符合 GB 2760《食品安全国家标准食品添加剂使用标准》、GB 14880《食品安全国家标准　食品营养强化剂使用标准》的规定。

（4）产品使用量不符合 GB 2760《食品安全国家标准食品添加剂使用标准》、GB 14880《食品安全国家标准　食品营养强化剂使用标准》的规定。

（5）"质量标准（技术指标）"与产品执行标准不符或缺项。

（6）"安全性评价"填写不完整；微生物制品没有填写菌种安全性评价。

（7）未填写"应用效果试验"。

（8）"原料供应情况"填写不完整。

（9）"生产流程"过于简单，未能体现生产工艺、规程及关键技术点。

（10）产品分析方法不具体。

（11）产品成分中掺有绿色食品禁用的食品添加剂。

2. 评判标准

（1）出现上述审查要点中（1）、（5）、（7）、（8）、（9）、（10）任何一种情况，要求企业重新填写。

（2）出现上述审查要点中（2）、（6）任何一种情况，要求企业补充材料。

（3）出现上述审查要点中（3）、（4）、（11）情况，按不通过处理。

九、生产操作规程（自行生产或代生产、加工饲料原料和预混料）

1. 审查要点

（1）缺少生产操作规程。

（2）规程制定不规范，或缺少内容，或缺少公章。

（3）生产操作规程不符合绿色食品、绿色生资的特点，不是根据本单位及本地的情况制定，而是其他技术资料的复印件；或没有可操作性。

（4）操作规程过于简单，缺少关键技术环节。

（5）操作规程中投入品使用情况不明确，如农药缺少剂型规格，添加剂缺少具体品名和用量。

（6）生产操作规程中有绿色生资禁用投入品，或用量超标。

（7）加工工艺不符合绿色生资相关执行标准的要求。

（8）原料及投入品中含有转基因产品。

2. 评判标准

（1）出现上述审查要点中（1）、（2）、（3）任何一种情况，要求企业重新制定操作规程。

（2）出现上述审查要点中（4）任何一种情况，要求企业补充材料。

（3）出现上述审查要点中（5）、（6）、（7）、（8）任何一种情况，按不通过处理。

十、质量管理制度（单一饲料和自建饲料原料基地）

1. 审查要点

（1）无质量控制体系。

（2）质量控制体系不完整；缺少农户清单；缺少基地图；缺少组织机构图；缺少管理制度；缺少公司与基地（农户）合同（协议）。

（3）管理制度内容不全面；缺少生产中投入品管理；缺少技术指导制度；缺少监督管理制度。

（4）企业与基地（农户）合同（协议）无有效期，或有效期不足3年。

（5）基地图编制不规范。

（6）基地（农户）名单提供的种植面积不能达到申请产品的申报量或满足生产要求。

（7）企业委托第三方技术部门进行基地管理，缺少技术部门对基地管理制度；缺少委托合同；委托合同无有效或有效期不足3年。

（8）基地管理制度或合同（协议）中有绿色食品禁止使用的投入品。

2. 评判标准

（1）出现上述审查要点中（1）、（2）、（7）任何一种情况，要求企业补充材料。

（2）出现上述审查要点中（3）、（4）、（5）、（6）任何一种情况，要求企业重新制定。

（3）出现上述审查要点中（8）情况，按不通过处理。

十一、产品执行标准

1. 审查要点

（1）缺少产品执行标准。

（2）产品执行标准低于国家标准、行业标准或地方标准。

（3）企业标准未备案。

（4）企业标准备案人与申请人不一致；产品名称与申请产品名称不一致。

（5）企标中有绿色生资禁止使用的投入品。

2. 评判标准

（1）出现上述审查要点中（1）情况，要求企业补充材料。

（2）出现上述审查要点中（3）、（4）中任何一种情况，要求企业重新备案。

（3）出现上述审查要点中（2）、（5）情况，管理员现场确认，并要求企业纠正。

十二、营业执照、商标注册证、肥料登记证、农药登记证、生产许可证、卫生许可证（复印件）

1. 审查要点

（1）缺少营业执照、商标注册证、肥料登记证、农药登记证、生产许可证、卫生许可证复印件。

（2）证件注册人与申请人名称不一致。

（3）超过有效期。

（4）超出营业、生产范围。

2. 评判标准

出现上述审查要点中（1）、（2）、（3）、（4）任何一种情况，要求企业补充材料。

十三、外购原料合同（协议）及发票

1. 审查要点

（1）缺少原料购销合同（协议）及发票；买方与申请人不一致；卖方与《绿色食品生产资料标志使用申请书》中填写的原料"供应单位"不一致，或非绿色食品（绿色生资）证书所有者。

（2）合同及发票中产品名称与《绿色食品生产资料标志使用申请书》上"原料名称"或绿色食品（绿色生资）证书上产品名称不一致。

（3）合同及发票订购量大于或小于申请用标产品所需原料量。

（4）合同订购量大于原料生产单位能提供的量。

（5）无合同有效期；有效期不足 3 年。

（6）合同及发票缺少公章；公章不清晰；公章全称与购买双方名称不一致。

（7）缺少绿色食品（绿色生资）有效证书的复印件。

（8）合同及发票涂改。

（9）缺少批次购买发票复印件。

2. 评判标准

（1）出现上述审查要点中（1）、（7）任何一种情况，要求企业补充材料。

（2）出现上述审查要点中（2）、（3）、（4）、（5）、（6）、（8）、（9）任何一种情况，要求重新落实原料，并签订合同。

十四、企业检查表

1. 审查要点

（1）未提交、未填写企业检查表。

（2）内容填写不完全、未勾选。

（3）"检查结果"未统计、填写不完全、企业未填写检查意见。

（4）"总体评价"中未填写评价。

（5）管理员、企业人员未签名，缺少省绿办盖章。

2. 评判标准

（1）出现上述审查要点中（1）情况，要求企业联系管理员实地检查后补充材料。

（2）出现上述审查要点中（2）、（3）、（4）、（5）任何一种情况，管理员需对申请用标企业进行实地检查，补全缺少内容。

第三章 现场检查

第一节 工作程序及要求

一、检查前的准备

仔细阅读申请用标企业的申请材料，熟悉相关标准及技术资料，列出检查提纲和检查要点，收集申请用标产品的相关信息，并通知企业检查日期。

二、工作程序

1. 首次会议

听取申请用标企业关于产品及其原料供应、生产管理等情况的介绍，管理员质疑，商定具体检查安排。

2. 现场检查

（1）检查产品生产全过程和质量管理体系。包括生产车间、产品质量检验室、库房等相关场所。

（2）生产厂区及周边的环境样的环保情况。

（3）自建原料生产和加工基地（以下简称自建基地）的质量控制体系。

3. 随机访问

随机访问企业工人、基地农户和有关技术人员，了解产品生产及管理情况的第一手资料。

4. 查阅文件、记录及票据

通过查阅文件，了解申请用标企业全程质量控制措施及申请用标产品质量；通过查阅记录及票据，核实申请用标企业生产和管理的情况及控制的有效性和真实性。

检查中，查阅的文件包括企业及自建基地的质量管理制度、原料及投入品购销合同、区分管理制度、污染防控措施、设备仪器的维护保养制度等；查阅的记录、票据包括生产及其管理记录（包括不同批次产品投料单）、生产原料购买票据及使用记录、产品检验记录、原料及产品出入库票据或记录、销售记录、卫生管理记录、培训记录等。

5. 总结会议

要求申请用标企业的主要负责人及各生产管理部门负责人参加。管理员向企业报告现场检查结果，并就有关情况作说明。企业可以对现场检查的报告进行评论，提出不同意见，进行解释和说明。对有争议的事实，必要时可进行核实，确保现场检查结果真实有效，评估结论客观公正。管理员总结检查结论，提出建议或整改意见。

6. 拍　照

管理员应对上述每个程序进行拍照，并附于企业检查表后。

三、现场检查的要求

（1）申请用标企业要根据现场检查计划做好人员安排，检查期间，生产负责人、有关技术人员、会计、库管人员要在岗，有关记录档案随时备查阅。

（2）管理员应携带《绿色食品生产资料标志使用申请书》及相关申报材料、《绿色食品生产资料管理员证书》和《绿色食品生产资料管理员工作规范》。工作中应保持严谨、科学、谦逊的态度，仔细倾听申请人的讲述，与申请人平等交流。

（3）管理员要在检查和谈话中收集信息，做好记录和必要资料的收集，并进行拍照和实物取证。

（4）对于现场检查中发现的问题，管理员在现场记录中及时记载，同时由申请用标企业陪同人员签名，对记载的情况加以确认。

（5）企业对管理员提出的建议和整改意见，应予重视，及时改进；对有争议的问题可以解释和说明。

第二节 首次会议

一、首次会议要求

要求申请用标企业主要负责人（如董事长、总经理、副总经理）、各生产部门（如原料科、生产科、市场科等）负责人到场签字，参加会议。

二、企业介绍情况

（1）企业基本概况：组建时间、性质，产品种类、产量、产值、技术力量、技术依托、主要车间与实验室的任务及其设施、经营状况等。

（2）申请使用绿色生资标志的原因。

（3）绿色生资生产的规划。

（4）申请产品的概况。

①产品名称（商品名、通用名应与产品执行标准、标签相符）、实际年生产量、销售量、销售额和申请产量。

②原料、辅料及生产投入品的名称、来源、购货方式，保证其质量的制度和措施。

③自建原料基地面积（种植地、轮作地）、产品名称地块分布；生产组织和管理形式、保证产品达到绿色食品质量的制度和措施。

④自行（或委托）加工原料（如加工饼、粕）的生产和管理形式、技术依托、保证产品达到绿色食品质量的制度和措施；保证绿色食品原料、产品与非绿色食品原料、产品不混的区分管理制度和措施（特别委托加工）。

（5）企业周边的生态环境、为减少污染保护环境的制度和措施。

（6）为保证产品达到绿色生资标准采取的改进措施。

①产地环境条件的改善和保持。

②生产管理制度和措施的改进。

③生产技术的改进。

④绿色生资与非绿色生资区别管理体系。

⑤质量追踪体系的建立。

三、提供有关资料和记录

（1）主要提供原料、生产投入品等与产品质量相关的资料原件和记录。

（2）详见本章第一节中"查阅文件、记录及票据"中所列材料。

四、管理员提出问题

（1）核定申请用标产品的名称、产量及申报量；是否是系列产品。

（2）企业周边污染源和潜在污染源分布和治理情况；企业三废排放及治理情况。

（3）对自建原料基地，可询问生产组织及管理制度，投入品（肥料、农药）供应及使用的管理。自行（代）加工原料的，生产管理形式，区分管理制度和措施。

（4）文审及申请用标企业情况介绍中的疑问。

（5）有关产品关键控制点的问题。

五、实地检查安排

根据检查需要，由管理员提出并与申请人商定。

第三节　现场检查

一、检查内容

（1）产品的生产过程及生产车间、产品质量检验室、库房等相关场所。

（2）生产厂区及周边环境的环保情况。

（3）检查重点是原料来源、投入品使用和质量管理体系。

（4）管理员按照《绿色食品生产资料企业检查表》（以下简称《企业检查表》）中所规定的项目进行逐项检查。

二、填写《企业检查表》

管理员根据现场检查的实际情况从企业概况、企业管理、生产条件、质量管理、质检能力等方面当场填写《企业检查表》。填写时，要求按照现场检查所发现的"事实"进行描述，并举证；由管理员用钢笔或签字笔填写，不可打印，不可由他人代填；现场检查完成后，要求申请用标企业负责人签字，对检查表各项评估及问题与建议加以确认。

（一）企业概况

（1）由管理员对企业申报内容核定后填写。

（2）核定结果要经企业认可。

（二）企业管理

（1）企业机构设置合理，部门分工明确。

（2）企业领导及主要部门负责人必须熟悉业务，懂管理并履行其职责。

（3）生产管理人员除专业业务外，还须掌握绿色生资基本知识。

（三）生产条件

（1）生产场所环境及其设施应满足生产需要，保证产品质量。

（2）厂房、库房及设备、设施主要检查能否满足生产工艺要求，有无隐患。

（3）建有维护保养制度，设施、设备、工具及容器保养良好。

（4）厂区及生产场所环境要符合环保要求；对"三废"有防控措施。

（四）质量管理

（1）产品执行标准符合相关的国家、行业及地方标准，符合绿色生资标志许可条件，企业标准须经备案。

（2）质量管理要有部门及专人负责；管理人员、技术的人员具有相应的素质。

（3）原料及辅料有固定的供货渠道及验收制度，质量符合绿色生资的相关要求。

（4）工艺规程、生产投入品符合绿色生资相关要求，不添加绿色生资违禁品，有保证产品质量的制度和措施。

（5）绿色生资与非绿色生资有区分管理措施。

（五）质检能力

（1）一般要求有自检能力。有企业的质检室（有必要的仪器设备）和掌握检测方法的人员；检测结果准确、可追踪。

（2）原料和产品的检测要依据执行标准的要求进行。

（3）不能自检的企业要有委托检验单位。检测结果能快速地对原料、产品质量作出判断。

（六）检查结果

（1）对检查结果进行汇总，按 A、B、C 各级的总数及关键项和一般项分别统计。

（2）检查项目全部"合格"的，可以申报绿色生资。关键项 2.2、3.4、3.5、3.7、3.8、3.11 中有一项为"不合格"的，1 年之内不得申报。"基本合格"以下的项目，限 1~3 个月内完成整改再次现场检查合格的，可以申报绿色生资；限期整改后仍不合格的，1 年之内不得申报。企业填写意见并签名盖章。

（七）总体评价

检查后，由管理员综合检查情况，对申请用标企业及其产品的原料来源、投入品使用和质量管理体系等进行全面评估，提出初审建议和同意申报理由，并签名对检查负责。

第四章　年度检查

绿色生资的年度检查（以下简称年检）由省绿办负责。省绿办根据本地区的实际情况，制定年检工作实施办法并报协会备案，协会对各地年检工作进行督导、检查。绿色生资管理员是具体执行者。

第一节　年检内容

年检的主要内容包括绿色生资产品质量及其控制体系状况、规范使用绿色生资标志情况和按规定缴纳标志使用管理费情况等。

一、产品质量控制体系

针对产品质量控制体系主要检查以下内容。

（1）企业的绿色生资管理机构设置和运行情况。

（2）原料来源及其质量管理情况。

①绿色食品原料和绿色生资的使用及其购销合同执行情况。

②自建原料基地环境质量、基地范围、生产组织及质量管理体系是否有变化；生产操作规程、绿色食品标准执行情况。

③自行加工原料（如饼、粕）生产操作规程、绿色食品标准执行情况；委托加工合同、与非绿色食品（原料、成品）防混控制措施落实情况。

（3）生产投入品使用情况。

①生产投入品采购、使用、保管制度及其执行情况。

②绿色生资有关生产投入品标准及规定执行情况。

③是否有违规使用绿色生资禁用物料或违规超剂量使用。

（4）产品检验制度、不合格半成品、成品处理制度执行情况。

二、规范使用绿色生资标志情况

针对规范使用绿色生资标志情况主要检查以下内容。

（1）是否按许可核准的产品名称、品种、数量使用绿色生资标志。

（2）是否违规超期使用绿色生资标志。

（3）产品包装设计是否符合国家相关产品包装标签标准和《绿色食品生产资料证明商标设计使用规范》要求。

三、企业缴纳标志使用管理费情况

针对企业缴纳标志使用管理费情况主要检查以下内容。

（1）是否按照《绿色食品生产资料标志商标使用许可合同》的规定按时足额缴纳标志管理费。

（2）标志使用管理费的减免是否有协会批准的文件依据。

四、其他检查内容

（1）企业的法人主体、地址、商标、法人代表、联系方式等变更情况。

（2）接受国家法定登记管理和行政管理部门的产品质量监督检验情况。

（3）具备生产经营的法定条件和资质情况。

（4）进行重大技术改造和三废治理情况。

（5）产品销售、使用效果及安全信息的反馈情况。

（6）审核检查（上年度现场检查）中存在的问题改进情况。

第二节　年检要求

年检须按如下要求执行。

（1）管理员对年检工作严肃、认真、负责。

（2）不走过场，不走形式。

（3）建立企业年审档案：企业及其产品用标概况、3个年度的年审时间、年审中问题（质量、用标、缴费、其他）及处理意见、管理员签字。

（4）努力学习有关专业知识，不断提高现场检查和标志管理的能力。

（5）如实向协会及所在单位报告情况、不弄虚作假。

（6）对绿色生资管理工作有强烈的责任感，坚持原则，秉公办事。

第三节　工作程序

年检是省绿办对获得绿色生资标志许可使用企业在1个使用年度内的绿色生资生产经营活动、用标产品质量及标志使用行为实施的监督、检查等，工作程序如下。

一、通知企业年检

企业使用绿色生资标志（以下简称用标）1个年度期满前2个月，由省绿办向企业发出实施年检的通知，并告知年检的程序和要求。

二、企业用标年度总结

企业应主动或接到年检通知后，围绕年检内容进行年度用标总结并写出报告，提交至省绿办。

三、省绿办审查

省绿办指派管理员对企业提交的报告进行审查。审查按年检内容逐项进行，提出问题并确定年检企业检查重点。与企业联系确定企业检查日程。

四、企业检查

企业检查的具体事项详见本章第四节。

第四节　企业检查

企业检查须按以下要求执行。

（1）年检的企业检查程序、要求大体与审核的现场检查相似，可参照进行。

（2）检查内容：必须现场核实的年检内容；审查企业年度用标情况；总结上报发现的问题和疑问；审核检查（上年度现场检查）中存在的问题。

（3）围绕企业质量控制体系和执行产品标准及规范用标等方面，实地检查生产车间、质量检验室、库房等相关场所，并查阅相关的档案和票据。

（4）和企业共同探讨推广应用绿生生资产品的途径，并听取企业的意见和要求。

第五节　年检结论

省级绿办根据年度检查结果以及国家相关部门抽查结果，依据绿色生资管理相关规定，作出年检合格、整改、不合格结论。需整改或不合格的，应列出整改和不合格项目的，并及时通知企业。

年检合格的，省绿办可进行证书核准。企业应于标志年度使用期满前提交核准证书申请，省绿办在收到企业申请后5个工作日内完成核准程序，并在证书上加盖"年检合格"印章。未经核准的证书视为无效。

年检结论为整改的企业必须于接到通知之日起1个月内完成整改，并将整改措施和结果报告省绿办。省绿办应及时组织整改验收并做出结论。验收合格的，可核准证书、加盖"年检合格"印章；验收不合格的应及时报请协会取消其标志使用权。整改和验收工作应在标志年度使用期满前完成，不能按期完成的应报请协会批准延期验收。

年检结论为不合格的企业，省绿办应立即报请协会取消其标志使用权。

企业的绿色生资标志使用年度为第三年的，其续展检查取代年检，未提出续展申请的，其标志许可期满后不得使用标志。

企业因改制、兼并、倒闭、转产等丧失标志使用的主体资格或绿色生资生产条件的，应视为自动放弃其标志使用权，省绿办应及时报请协会处理；企业的名称、商标、用标产品名称、核准产量等发生变更的，省绿办应督促并指导企业及时向协会办理相应变更手续。

整改产品应在抽检工作中重点检查。

企业对年检结论如有异议，可在接到通知之日起 15 天内，向省绿办书面提出复议申请或直接向协会申请仲裁，但不可同时申请复议和仲裁。管理员应于接到复议申请 15 个工作日内做出复议结论；协会应于接到仲裁申请 30 个工作日内做出仲裁决定。

第五章 年度抽检

绿色生资的年度抽检（以下简称抽检）工作由协会负责制定抽检计划，委托相关绿色生资质量监测机构（以下简称"监测机构"）按计划实施，省绿办应予以配合。

第一节 工作职责

（一）监测机构的工作职责

（1）根据协会下达的抽检计划制定具体实施方案。

（2）按时完成协会下达的检测（包括专项检测）任务，未经协会同意，不得擅自增减检测项目。

（3）按规定时间及方式向协会、省级绿色食品工作机构和企业出具检验报告。

（4）向协会及时报告抽检中出现的问题和有关企业产品质量信息。

（5）对当年应续展的产品，监测机构应及时抽样检验并将检验报告提供给企业，以便作为续展审核的依据。

（二）省绿办的工作职责

（1）向协会推荐具有资质的检测单位，经协会审核备案后，承担绿色生资产品抽检工作。

（2）依据《绿色生资质量年度抽检工作管理办法》制定本地区实施细则。

（3）配合协会及监测机构开展绿色生资抽检和专项检测工作。

（4）向协会提出绿色生资抽检工作计划的建议。

（5）根据协会对抽检不合格产品做出的整改决定，督促企业按时完成整改，并组织验收，同时抽样寄送协会指定监测机构。

（6）及时向协会报告企业的变更情况，包括企业名称、通讯地址、法人代表以及企业停产、转产等情况。

第二节 工作程序

年度抽检须按如下工作程序执行。

（1）协会于每年 3 月底前制定绿色生资抽检计划，并下达有关监测机构和省绿办。

（2）监测机构根据抽检计划和专项检测任务，适时派专人赴相关企业规范随机抽取样品，也可以委托相关省绿办协助进行，由绿色生资管理员抽样并寄送监测机构，封样前应与企业有关人员办理签字手续，确保样品的代表性。

（3）监测机构应及时进行样品检验，出具检验报告（一式 3 份），检验报告结论要明确、完整，检测项目指标齐全，检验报告应以特快专递方式分别寄送协会、相关省绿办和企业。

（4）监测机构应于时限前完成抽检，并将检验报告分别寄送协会、相关省绿办和企业。

（5）监测机构须于每年 12 月 20 日前将绿色生资抽检汇总表及总结报送协会，专项检测汇总表及总结必须于时限前报送协会。总结内容应全面、详细、客观，未完成抽检任务的应说明原因。

第三节 问题的处理

绿色生资抽检中出现倒闭、无故拒检或提出自行放弃绿色生资标志使用权的企业，监测机构应及时报告协会及相关省绿办。

企业对检验报告如有异议，应于收到报告之日起（以当地邮局邮戳为准）15 日内向协会提出书面复议申请，未在规定时限内提出异议的，视为认可检验结果。对检出不合格项目的绿色生资产品，监测机构不得擅自通知获证企业送样复检。

绿色生资抽检结论为产品包装及标签（标识）、感（外）官指标不合格，或绿色生资标志使用不规范的，协会通知企业整改，企业须于接到通知之日起 1 个月内完成整改，并将整改措施和结果报告省绿办，省绿办应及时组织整改验收。需复检的，抽样寄送绿色生资定点监测机构检验。监测机构应及时进行检验，出具检验报告，并以特快邮递方式将检验报告分别寄送协会和有关省绿办。复检合格的可继续使用绿色生资标志，复检不合格的取消其标志使用权。

绿色生资抽检结论为主要技术指标（有效成分或主要营养成分）、限量指标（卫生指标）不合格，或有绿色生资禁用品的，协会应取消企业及产品的绿色生资标志使用权，及时通知企业及相关省绿办，并予以公告。

绿色食品生产资料管理员推荐表

姓 名		性 别		出生日期		照 片
学 历			职称或职务			
通讯地址						
邮政编码			单位名称			
座 机			手 机			
传 真			电子邮箱			
培 训 经 历						
工 作 经 历						
保 密 协 议	本人承诺，严格遵守国家政策及法律法规，不泄露申请使用绿色食品生产资料企业的商业和技术秘密。 　　　　　　　　　　　　　　签字： 　　　　　　　　　　　　　　　　年　月　日					

（续表）

个 人 声 明	本人声明，遵守绿色食品生产资料管理员行为准则及绿色食品生产资料管理有关规定，如实记录并综合评估现场检查实际情况。 签字： 　　　　　年　月　日
所在单位意见： 单位负责人签字： 　　　　　年　月　日（盖章）	
所在省级绿办（中心）意见： 年　月　日（盖章）	

说明：1. 申请人提供本人2张两寸彩色免冠照片，一张贴于本表"照片"位置，一张用于《绿色食品生产资料管理员证书》。

　　　2. 若是省绿办人员，"所在单位意见"一栏不填写。

　　　3. 申请人需提供学历与职称复印件。

绿色食品生产资料管理员证书更换申请表

姓 名		性 别		出生日期		照 片
工作单位			职称/职务			
通讯地址			邮政编码			
座 机		手 机		邮 箱		
毕业院校		最终学历		专 业		
原管理员 证书编号			获得日期			

材料审核/现场检查经历（请如实列举，可另附表）	序号	企业名称	是否参与材料审核	是否参与现场检查	企业最终通过情况

保 密 协 议	本人承诺，严格遵守国家政策及法律法规，不泄露申请使用绿色食品生产资料企业的商业和技术秘密。 签字： 年 月 日

（续表）

个 人 声 明	本人声明，遵守绿色食品生产资料管理员行为准则及绿色食品生产资料管理有关规定，如实记录并综合评估现场检查实际情况。 签字： 　　　　　　年　　月　　日
所在单位意见： 单位负责人签字： 　　　　　　年　　月　　日（盖章）	
所在省级绿办（中心）意见： 年　　月　　日（盖章）	

说明：1. 申请人提供本人 2 张两寸彩色免冠照片，一张贴于本表"照片"位置，一张用于《绿色食品生产资料管理员证书》。

　　　2. 申请人需身份证正反面复印件、原绿色生资管理员证书复印件。

　　　3. 若是省绿办人员，"所在单位意见"一栏不填写。

绿色食品生产资料工作机构及管理员工作考评办法（试行）

（中国绿色食品协会 2016 年 11 月 17 日发布）

第一章 总 则

第一条 为进一步加强对绿色食品生产资料（以下简称绿色生资）工作机构和管理员工作业绩的评价，激发绿色生资工作队伍活力，推动绿色生资加快发展，特制定本办法。

第二条 工作机构考评范围为全国省级绿色食品生产资料工作机构（以下简称省绿办），管理员考评范围为经中国绿色食品协会（以下简称协会）核准注册的有效期内的绿色生资管理人员。

第三条 协会负责考评工作的统一管理，包括考评审定、资料建档、表彰奖励和费用支出等，省绿办配合协会做好本辖区内的统筹安排和监督检查工作。

第四条 考评工作每年进行 1 次，坚持公开、公平、公正的原则。

第二章 考评内容

第五条 绿色生资工作机构考评主要内容：

1. 组织管理。主要包括绿色生资制度建设情况、省绿办和地市级工作机构绿色生资工作职责落实情况、与协会工作的协调配合情况等。

2. 产品许可。主要包括当年绿色生资新申报情况和续展换证情况等。

3. 证后监管。主要包括年检、抽检等监督检查情况等。

4. 宣传与培训。主要包括宣传报道、培训、会议等。

5. 考评的具体指标及评分标准见附表 1。

第六条　绿色生资管理员考评以各省绿色生资工作机构考评情况为依据，对管理员绿色生资检查和审核工作进行统计和考核，并发放不同档次的奖励。各省管理员奖励金额由协会考核委员会决定，管理员奖励支出不超过协会本年度绿色生资收费总额的20%。

第三章　考评程序

第七条　省绿办每年12月20日之前将《绿色食品生产资料工作机构工作考评表》要求的材料报送协会秘书处，逾期未报视为自动放弃考评申请。

每个申报企业的初审工作由2名绿色生资管理员负责。绿色生资管理员应在现场检查结束后填写《绿色食品生产资料管理员奖励费用核定表》（附表2），随申报材料一同上报协会。

第八条　协会秘书处对申报材料进行核实、登记造册，依据考评要求对省绿办各项工作指标完成情况进行评分，各单项指标得分累加为工作机构年度工作业绩综合得分；同时对绿色生资管理员提交的《奖励费用核定表》进行核实、统计，将结果和相关情况交由考核委员会评定。

第四章　通报与费用发放

第九条　协会每年向省绿办通报考评结果。对于考评结果排名靠前的工作机构，协会发文予以通报表彰；对于绿色生资管理员，根据考核结果，由协会于次年年前统一发放奖励。

第十条　绿色生资管理员发生以下情况之一的，不参与考评或发放奖励费用，情节严重的，按相应规定予以处理。

1. 提供虚假现场检查证明或严重违反《绿色食品生产资料管理员工作规范》进行材料审核或现场检查的。

2. 因自身工作作风、执业操守问题，不能公正实施检查，被受检方或其他人投诉，经核查属实的。

第五章 附 则

第十一条 本办法由协会负责解释。

第十二条 本办法自公布之日起施行，原《绿色食品生产资料工作机构及管理人员工作考评办法（试行）》废止。

附表1

绿色食品生产资料工作机构考评表

考核内容	指标设定	分值	评分标准	备注	得分
组织管理（15分）	制度建设	5	根据本地发展实际，及时制定或完善绿色生资发展政策2项以上的得5分，制定1项得3分，没有制定不得分	不包括转发中国绿色食品发展中心和协会文件	
	组织领导	5	有明确工作部门，有确定分管领导，有绿色生资注册管理员和专人负责绿色生资工作的得5分，缺少1项扣2分，最多扣5分		
	信息反馈	5	及时完成绿色生资有关的情况反馈，信息报送得5分，每小报、延报一次扣1分，最多扣5分		
产品申报（65分）	终审合格企业数量	40	对终审合格企业数量进行全国排名，1~3名得40分，4~6名得35分，7~9名得30分，10~12名得25分，13~15名得20分，16~18名得15分，19~21名得10分，22名及以后得5分，当年终审合格企业数量为0的不得分		
	终审合格产品数量	15	对终审合格产品数量进行全国排名，1~3名得15，4~6名得13分，7~9名得11分，10~12名得9分，13~15名得7分，16~18名得5分，19~21名得3分，22名及以后得1分，当年终审合格产品数量为0的0不得分		
	续展换证	5	到期企业续展率100%的得5分，每个逾期不续展企业扣1分，该项不涉及的不扣分，最高扣5分		
	材料退回	5	因审核材料出现大量错误，初审明显不尽责导致审材料退回的，每退回一份材料扣2分，退回2次及以上的扣5分，该项不涉及的不扣分	包括协会复审阶段退回和专家评审阶段退回	

（续表）

考核内容	指标设定	分值	评分标准	备注	得分
证后监管（10分）	抽检情况	5	在协会组织的抽检中获证产品全部合格得5分，每检出1个不合格产品扣3分，检出2项及以上者扣5分。该项不涉及的不得分也不扣分		
	年检情况	5	组织开展本辖区内企业年检工作（检查内容须包括原料管理、生产过程管理、档案记录管理、标志使用规范性等）。未开展年检的，一次性扣5分。该项不涉及的不得分也不扣分	协会通过询问企业，了解绿色办本项工作开展情况	
宣传与培训（10分）	宣传报道	5	每举办一次涉及绿色生资的研讨、座谈、产品推介或展览会的，得3~5分	由省绿办提供证明材料	
	培训会议	5	每组织一次涉及绿色生资培训的得3~5分	由省绿办提供证明材料	

附表 2

绿色食品生产资料管理员奖励费用核定表

省（市、自治区）：

填表日期：＿＿＿＿年＿＿＿月＿＿＿日

检查企业名称	检查日期	管理员姓名	身份证号	开户银行及银行卡号	管理员签字及手机号码

省绿办（盖章）：

负责人（签字）：

注：本表一式三份，一份由省绿办留档，一份由绿色生资管理员本人留存，一份随申报材料交主协会秘书处。

绿色食品生产资料企业
内部检查员管理办法

（中国绿色食品协会 2012 年 9 月 13 日发布）

第一条 为了促进企业内部加强绿色食品生产资料质量管理和标志使用管理，保障绿色食品生产资料产品质量和品牌信誉，根据《绿色食品生产资料标志管理办法》及其实施细则的规定，制定本办法。

第二条 本办法所指绿色食品生产资料企业是指申请使用绿色食品生产资料商标标志和获得绿色食品生产资料商标标志使用权的生产主体。

第三条 本办法所称绿色食品生产资料企业内部检查员，是指绿色食品生产资料企业内部负责绿色食品生产资料质量管理和标志使用管理的专业人员。

第四条 企业应建立内部检查员制度，并赋予内部检查员与其职责相对应的管理权限。

第五条 中国绿色食品协会（以下简称协会）负责内部检查员的培训指导、注册和管理工作；省级绿色食品工作机构负责培训和资质审核工作。

第六条 企业内部检查员职责

（一）宣贯绿色食品生产技术标准；

（二）按照绿色食品生产资料使用准则和《绿色食品生产资料标志管理办法》及其实施细则，协调、指导、检查和监督企业内部绿色食品生产资料原料采购、投入品使用、产品检验、包装印刷、广告宣传等工作；

（三）配合绿色食品工作机构开展绿色食品生产资料监督管理工作；

（四）负责绿色食品生产资料相关数据及信息的汇总、统计、编制，及与各级绿色食品工作机构的沟通工作；

（五）承担本企业绿色食品生产资料证书和《绿色食品生产资料标志商标使用许可合同》的管理，以及产品增报和续展工作；

（六）开展对企业内部员工有关绿色食品生产资料知识的培训。

第七条 企业内部检查员资格条件

（一）具备一定的农产品质量安全和绿色食品生产资料知识；

（二）具有在本企业工作 3 年以上的经历，有一定的组织、协调能力；

（三）熟悉与本行业有关的国家法律、法规、政策、标准及行业规范；熟悉绿色食品生产资料质量管理和标志管理的相关规定；熟悉本企业的管理制度；

（四）接受专门培训，并经考试合格；

（五）遵纪守法，坚持原则，爱岗敬业。

第八条 企业内部检查员申请注册管理

（一）内部检查员须经本人申请，企业推荐，由省级绿色食品工作机构进行资格审核；

（二）经省级绿色食品工作机构培训考试合格的，由协会统一注册并颁发《绿色食品生产资料企业内部检查员证书》；

（三）内部检查员不再履行本办法第六条规定的相关职责，其《绿色食品生产资料企业内部检查员证书》自动失效，企业应在 15 日内将证书交回协会。

第九条 企业须保持内部检查员的稳定性、连续性，确实需要作出人事调整的，应及时按本办法的第八条规定推荐接替人选和办理相关手续。

第十条 内部检查员工作业绩突出的，协会根据考核结果予以奖励。

第十一条 本办法由中国绿色食品协会负责解释。

第十二条 本办法自发布之日起施行。